云南省优势特色重点学科(生态学)建设项目资助

香根草对水体中农药污染的修复研究

——以除草剂扑草净为例

孙仕仙　李永梅　郑　毅　Dibyendu Sarkar　著

科学出版社
北　京

内 容 简 介

本书以农药扑草净为研究对象，选择香根草为修复植物，从扑草净溶解度及其影响因素、扑草净在水体和植物香根草中的提取和测定方法、香根草从被污染水体中吸收和去除扑草净的动态过程、添加腐植酸对吸收动态的影响等方面进行较系统的研究。本书首次建立气相色谱-氮化学发光检测器法测定水体和香根草中扑草净提取和测定方法；通过温室水培试验，证实香根草可以显著促进扑草净污染溶液中扑草净的去除，并拟合溶液中扑草净的去除动力学方程。本书可以为水体和植物中三氮苯类农药的提取和测定提供技术参考，为人工湿地技术去除农药污染提供理论依据，为减少农业径流中农药带来的的非点源污染控制提供基础数据。

本书的基础资料及研究经验可以为生态学、环境科学、环境工程、农业资源与环境等相关学科和专业的研究者提供参考。

图书在版编目(CIP)数据

香根草对水体中农药污染的修复研究：以除草剂扑草净为例 / 孙仕仙等著. —北京：科学出版社, 2017.9

ISBN 978-7-03-051985-6

Ⅰ.①香… Ⅱ.①孙… Ⅲ.①篱垣植物-应用-农药施用-水污染防治-研究 Ⅳ. ①X52

中国版本图书馆 CIP 数据核字（2017）第 044090 号

责任编辑：张 展 孟 锐 / 责任校对：王 翔

责任印制：罗 科 / 封面设计：墨创文化

科学出版社出版

北京东黄城根北街16号

邮政编码：100717

http://www.sciencep.com

四川煤田地质制图印刷厂印刷

科学出版社发行 各地新华书店经销

*

2017年9月第 一 版 开本：B5（720×1000）

2017年9月第一次印刷 印张：6

字数：180 千字

定价：59.00 元

研究资助：

国家自然科学基金项目：

1. 香根草对水体中扑草净的吸收和去除规律与机制研究 41563014
2. 氮对间作作物黄酮类根分泌物的影响及其调控结瘤的机制 31460551
3. 农作物根系的时空结构及其固土抗蚀生物力学研究 41461059

出版资助：

云南省优势特色重点学科（生态学）建设项目资助

前　　言

香根草(*Vetiveria zizanioides* L.)，又名岩兰草，为多年生丛生型粗壮草本植物，被认为是“世界上具有最长根系的草本植物”，也是水土保持的“先锋植物”和“明星植物”。香根草既是旱生植物也是水生植物，具有较高的抗旱耐涝能力，是一种两栖植物。近年来，它在生态环保方面的作用令人瞩目。20 世纪末，我国开始将香根草用于环境治理和污染控制方面的研究。

农药在控制农业害虫、杂草、疾病以及提高作物产量方面发挥着巨大作用，但因大量及不合理使用，往往造成环境污染，包括对土壤、空气、水体和生物的污染，并通过食物链对人类健康造成危害。近 30 年，三嗪类作为农田除草剂在世界范围内广泛使用。这类农药及其代谢产物难于降解，可以在土壤、水体和有机体内存在数年，从而被认为是最重要的农业化学污染之一。如其中的典型代表扑草净(7287－19－6，4，6－双异丙胺基－2－甲硫基－1，3，5－三嗪)具有杀草谱广、药效长等优点，被广泛运用于多种作物、蔬菜和果树等的杂草防除。因其对水体中杂草和丝状藻类的防除有显著效果，从 20 世纪 70 年代起开始被用于水产养殖中，此后其用量快速增长。扑草净化学性质稳定，难降解，其对生态环境的影响已引起世界各国的重视。扑草净还是一种环境内分泌干扰物质，进入人体内可导致内分泌系统、生殖器官、神经系统和免疫系统异常，还可引起蛋白质重组和构象改变，诱发癌变、不育及先天性缺陷。近 80%的农药经过各种途径进入环境中，因此，如何解决农药对水环境的污染问题已经迫在眉睫。

人工湿地技术是利用湿地中基质、植物和微生物之间的相互作用，通过一系列物理、化学及生物作用来净化污水。在人工湿地系统中，植物是核心要素，湿地植物不仅可以通过直接吸收带走污质，还可通过根系滞留、促进根际硝化与反硝化速率，改善通气条件提高根际微生物的降解活性等交互作用来提高系统整体的净化能力。近年的研究发现，香根草对有机和无机化合物都有较高的亲和力，在污染修复方面具有巨大潜力。研究表明，香根草能降解苯类物质，能成功地去除多环芳烃、有机氯农药、多种重金属和 2,4,6－三硝基甲苯(TNT)等。本书围绕扑草净水体污染的植物修复，从扑草净溶解度及其影响因素、扑草净在植物和水体中的提取和测定方法、香根草对扑草净的吸收动态及其影响因素等方面，系统研究香根草作为扑草净水体污染修复的动态，为受扑草净污染水体的植物修复提供理论依据，对实现人工湿地技术去除农药污染提供重要的指导意义，对促进环境科学、农药学、植物学等学科的交叉融合，为我国越来越严重的农业径流污染、农药污染的环境治理提供重要的理论支撑，对人类健康和环境污染治理具有重要的理论意义和现实意义。

本书是孙仕仙在导师李永梅教授的指导下，依托国家自然科学基金“香根草对水体中扑草净的吸收和去除规律与机制研究(41563014)”“坡耕地红壤主要农作物根系固土抗蚀生物力学特征研究(41461059)”“氮对间作作物黄酮类根分泌物的影响及其调控结瘤的机制(31460551)”和云南省省院省校合作项目(2006YX35)完成的云南农业大学农药学博士学位论文(题目为“香根草对水溶液中扑草净的吸收和去除研究”)的基础上进一步完善形成的。本书的完成得到云南农业大学农药学专业、国家林业局西南地区生物多样性保育重点实验室、美国蒙特克莱尔州立大学地球科学系实验室、云南出入境检验检疫局国家烟草检测重点实验室的支持。本书还得到了美国密歇根科技大学 Rupali Datta 副教授，田纳西州立大学 Sudipta Rakshit 博士，蒙特克莱尔州立大学 Deng Yang 副教授、Feng Huan 教授、Pravin Punamiya、Padmini Das、Li Xiaona，西南林业大学杨斌教授、华燕教授、马焕成教授、伍建榕教授、周伟教授、赵龙庆教授、宋维峰教授、王克勤教授、施蕊博士、杨思林副教授、刘守庆副教授，云南大学于福科副教授、钱昱博士，中国地质大学陈翠柏副教授给予的指导和帮助。西南林业大学刘书楷、贾继维研究生在本书的校稿中提供了帮助。本书的出版得到“云南省优势特色重点学科(生态学)建设项目”的资助。在此一并致谢!

由于著者水平有限，书中难免存在不足之处，恳请读者批评指正!

孙仕仙

2016 年 12 月

目　　录

第1章　研究背景及依据

1.1　农药污染的植物修复研究

农药是指用于预防、消灭或控制危害农业、林业的病、虫、草和其他有害生物以及有目的地调节、控制、影响植物和有害生物代谢、生长、发育、繁殖过程的化学合成或者来源于生物、其他天然产物及应用生物技术产生的一种物质或几种物质的混合物及其制剂。狭义上的农药是对在农业生产中，为保障、促进植物和农作物的成长，所施用的杀虫、杀菌、杀灭有害动物(或杂草)的一类药物的统称，特指在农业上用于防治病虫以及调节植物生长、除草等的药剂。根据原料来源，农药可分为有机农药、无机农药、植物性农药和微生物农药，此外，还有昆虫激素。自生产使用以来，农药在防治农作物的病、虫、草害和保证高产方面起着极为重要的作用，对农业生产具有巨大贡献，特别是除草剂的使用，极大地降低了劳动强度，直接或间接地提高了农业的生产水平。

近20年来，随着农业经营方式的转变及精细密集农业的发展，农药的使用量显著增加。农药在田间使用后，只有少量停留在作物上发生效用，大部分则残留在土壤或漂浮于大气中，农药的大量使用及不合理使用，已经在各种环境基质中产生了农药残留，造成环境污染，包括对土壤、空气、水体和生物的污染，最终通过降雨径流、土壤淋溶、大气漂移和药械洗涤等途径进入受纳水体环境(顾宝根等，2009)，在农业区域，农药的非点源污染被广泛认为是导致水资源污染的最主要因素。目前的研究表明，世界上多数河流和湖泊中都有农药残留物的存在。因此，农药对地表水的污染日益引起人们的广泛关注(Huber et al.，2000；Cerejeira et al.，2003)。农药环境污染最终通过食物链对食品安全和人类健康造成危害(Cabanillas et al.，2000；Moore et al.，2002；Zhou et al.，2007；Wang et al.，2015)，如有机氯、有机磷等农药或具有很强的毒性，或在环境中具有持久性，或具有环境激素效应，对高等动物的神经系统、大脑、心肺等组织器官造成直接或间接的损害；滴滴涕、六六六等有机农药还具有“三致”效应。而人类每年使用数千万吨的农药，有文献报道，我国20世纪90年代后期的农药生产量达76万吨，使用量则达50万～60万吨，其中，近80％经过各种途径进入环境中，而大部分农药最后汇集进入水体中，造成各种水体的污染，进入环境中的这些有机农药对生态环境造成了严重的破坏。近年来，随着人们对食品安全及环境问题关注度的逐渐提高，农药在环境及生物中的残留问题也越来越引起人们的关注(Brausch et al.，2006)。因此，对农药污染环境修复技术进行研究和开发应用显得尤为重要。

从20世纪50年代开始，人们对农药的植物修复(phytoremediation)机理及应用进行了大量的研究。植物修复是指植物在生长过程中因受周围环境中污染物的影响，忍受和超量累积某种污染物质，通过叶、枝条和根的生长以及对水和矿物质的吸收，植株的衰老直至利用植物、微生物与环境之间的相互作用来清除环境中污染物的方法(Salt et al.，1995；Lanza et al.，1998；Liste et al.，2000)。植物修复作为生物修复中的一种重要类型，与传统的物理、化学修复方法相比较，具有投入低、治理效果明显、不易产生副作用、可恢复和建设生态环境的特点，已经成为环境污染研究的一个热点(Kumar et al.，1999；Zodrow，1999；Neal et al.，2000；Whiteley et al.，2000)。

1.1.1 农药污染的植物修复机理

大量研究表明，植物对土壤中农药的修复主要有5种机制(Hathway，1989；Schnoor et al.，1995a；桑伟莲等，1999)。①植物直接吸收并在植物组织中积累非植物毒性的物质。具有特殊功能的植物能直接从土壤或通过叶片吸收农药并进行分解，通过木质化作用使其成为植物的组成部分，再通过代谢降解或矿化作用转化为高极性产物、二氧化碳和水，或通过植物的挥发作用达到修复的目的。②植物产生并释放出具有降解作用或促进环境中生物化学反应的酶等根系分泌物。植物释放到根际土壤中的酶系统可直接降解有关化合物(Jr，1992；Susanne et al.，1992)。还可通过分泌物和酶刺激根区微生物的活性和生物转化作用，增强根区的矿化作用(夏会龙等，2003；徐亚同等，2001)。③植物根际与微生物的联合代谢作用。植物根系、根系微生物和土壤组成的根际微生态系统是土壤中最活跃的区域，由于根系的存在，增加了微生物的活动和生物量。微生物在根际区和根系土壤中的数量差别很大，一般为5～20倍，有的高达100倍，这些微生物在数量和活力上的增长很可能是促进根际非生物化合物代谢降解的因素。而且植物的年龄、不同植物的根，甚至根瘤、根毛及根的其他性质，都可以影响到根际微生物对特定有毒物质的降解速率(Banks et al.，1999；Pieper et al.，2000)。酶对不同有机农药在植物细胞中的降解过程起着十分重要的作用(Macek et al.，2000)。研究表明，狼牙草(*Pennisetum clandestinum*)能够加速土壤中阿特拉津和西马津的降解，种有狼牙草的土壤中，微生物的生物量和脱氢酶活性显著高于未种植狼牙草的土壤(Neera et al.，2004)。④植物萃取，植物从土壤中吸收污染物，并在植物地上部分富集，对植物体收获后进行处理。⑤植物挥发，植物吸收污染物后，将其降解，散发到大气中或把原先非挥发性的污染物变为挥发性污染物送入大气中。

植物在生长过程中不断通过根系吸收、光合作用和呼吸作用等代谢过程为其提供物质和能量，植物对污染物的吸收也正是伴随这些过程的发生而发生的。研究表明，植物具有吸收有机农药的能力，并且植物所存在的环境中，农药的种类、质量浓度和环境因子等均影响植物对农药的直接吸收(Topp et al.，1986b；Fung et al.，2001；Briggs et al.，2006)。植物还能对农药起吸收和截留作用(Watanabe et al.，2001)，研究表明，当植物覆盖率为50%时，37%的农药截留在植被过滤带上，当植物覆盖率为100%时，有88%的农药截留在植被过滤带上(Rogers et al.，2009)。研究发现，如果湿地系统中没有植物，那么底泥和悬浮粒子对吸附毒死蜱的亲和力将降低90%。大量研究报道，玉米、小麦、大麦、水稻、豇豆、绿豆、烟草等许多农作物对莠去津(atrzaine)、禾草敌(molinate)等有机农药均具有良好的吸收效果(Raveton et al.，1997；Hsieh et al.，1998；Inoue et al.，1998；Keith et al.，1998；Quérou et al.，1998；Sun et al.，2004)。除此之外，研究也表明，某些野生植物对有机农药也具有显著的吸收作用。香蒲(*Typha latifolia*)在培养的第7天，吸收甲霜灵和西玛津分别可以达到34%和65%(Wilson et al.，2000)。凤眼莲(*Eichhornia crassipes* Solms)能提高水溶液中乙硫磷(ethion)、三氯杀螨醇(dicofol)和三氟氯氰菊酯(lambda-cyhalothrin)的消解速度，分别提高283.33%、106.64%和362.23%，其机理主要是凤眼莲吸收农药后在其体内积累或进一步降解(夏会龙等，2002a)。同期研究结果表明，凤眼莲还能通过吸收作用，彻底清除水溶液中的甲基对硫磷(夏会龙等，2002b)。

植物对有机农药的吸收量与农药的理化性质密切相关。Briggs等通过大麦对涕灭威等氨基甲酸酯类农药的吸收与积累动态研究，认为植物对结构和相对分子质量相似的化合物的吸收量与化合物的正辛醇/水分配系数(lgKow)的大小呈正相关。不同lgKow的农药的吸收部位和降解方式也不相同。具有中等lgKow(为1～4)的农药易被植物根部吸收，但是只能在植物木质部流动，而不能在韧皮部流动，lgKow大于4的农药大量被植物根部吸收，但不能大量转移至幼芽上，只能依赖根表面的降解(Briggs et al.，1983；Chen et al.，1989)。实验证明，lgKow在0.5～3.0时的化合物易于被吸收，顾敬梓(2007)用定量结构-性质关系模型(QSPR)对部分除草剂的lgKow进行研究，预测出扑草净的lgKow为3.190，说明扑草净是一种相对亲脂性化合物，容易被植物根部吸收。杨柳春等(2002)研究表明，由于水生植物具有大面积的富脂性表皮，所以用于吸收亲脂性的有机氯农药是完全可行的。环境中大多数苯系物(BTEX)化合物、有机氯化剂和短链脂肪族化合物都可以通过植物直接吸收途径去除(Schnoor et al.，1995)。植物根对有机物的吸收与有机物的相对亲脂性有关，有机化合物能否被植物吸收，并在植物体内发生转移，完全取决于有机化合物的亲水性、可溶性、极性

(Bell et al.，1991)。Cunningham 等(1996)发现，有机物质亲水性越强，被植物吸收就越少。此外，植物吸收的差异还与植物种类、根系类型、部位及生长季节有关(孙铁珩，2001)。有机物的植物修复效果受很多因素影响，其中影响有机物在植物体内吸收分配的因素包括：化合物的理化性质(如水溶性、蒸气压、分子量、辛醇-水分配系数和 lgKow 等)、环境特性(温度、pH、有机物、土壤含水率)、植物特性(根系类型、酶类型)(Susarla et al.，2002)。在有机污染物的暴露评价和效应评价中，可以用 Kow 来估算和衡量很多与疏水性有关的理化性质和环境行为特性(王连生，2004)。尽管气态、液态、固态的化学物均可被植物吸收，但是植物内部的有机物只有溶解状态才可被移动。吸收的效率同时取决于 pH、吸附反应的平衡常数 pKa、土壤水分、有机物含量和植物生理学等。一旦化合物被植物吸收，它们就能被代谢、储存(一般在根系)或挥发(杨柳春等，2002)。

1.1.2　农药污染(水体)的植物修复研究

农药的使用已经有几千年的历史，人类主要利用农药来控制或去除杂草、啮齿动物、真菌和害虫。尽管农药在控制农业害虫、控制疾病方面发挥着巨大的作用，但是同时也危害着环境，包括空气、水、底泥和生物(Moore et al.，2002)。使用的农药有近 80%经过各种途径进入环境中，最后经地表水径流和渗透作用造成地表水和地下水的污染，不仅直接对水生植物和浮游植物的生存状态产生显著影响，对鱼类等水生动物表现出一定的毒理效应，而且还通过微型生物的降解作用产生一系列具有潜在毒理效应的代谢产物，这些物质的存在都有可能通过食物链及食物网的传递对水生态环境中的各级生物造成急性、慢性或遗传毒性，从而引发水生态系统中生物种群的结构和数量发生改变，破坏生态平衡(张骞月等，2014)。尤其在农业密集区域，农业径流排入受纳水体后，农药成为临近水生生态系统的重要污染源。而水污染又与人类饮水安全以及水环境生态平衡密切相关，因此，水体农药污染成为一个受世界关注的新问题。我国是农药生产和使用大国，尤其是除草剂的用量越来越大，目前已成为农业径流中的主要污染物质。

大多数农药都具有广谱水生毒性，例如二嗪类农药，当达到一定质量浓度后，浮游动物和大型无脊椎动物会受到危害(9.2g/L)，鱼类的数量大大减少(22g/L)(Denton et al.，2003)，Van Leeuwen 等(1999)发现质量浓度为 0.05～0.65g/L 的阿特拉津与胃癌的发生有关。在农业密集区域，农业径流排入受纳水体后，农药成为临近水生生态系统的重要污染源。据美国 EPA 的调查数据表明，美国所有的污染水体中，有 1300 个水体是由农药污染所引起的(USEPA，2004)。而美国地质勘测局的研究表明，美国 99%的河流都至少被一种农药污染，70%的河流被 5 种及以上的农药污染(Gilliom，2001)。瑞典(Ollers et al.，

2001)报道了当地湖泊、河水以及污水处理厂出水中农药的浓度范围。许多农药如西玛津、莠去津、特丁津、异丙甲草胺和2，4－D在检测限(ng/L)范围内均有检出。印度(Konstantinou et al.，2006)报道了该国对地表水的长期监测数据，结果表明检出率较高的农药包括莠去津、西玛津、甲草胺、异丙甲草胺、扑草净和二嗪农，在河流中检出浓度最高的为除草剂。瑞典地表水中农药的检出品种与美国相似，而印度地表水中检出浓度较高的农药品种增加了除草剂敌稗和杀虫剂克百威，这与当地农药的使用品种和使用量有关。数据显示，国外地表水中检出率和检出浓度较高的品种基本上是除草剂，这是因为除草剂使用量大。近80%进入环境中的农药，大部分经生物圈物质循环后，汇聚到水体中(Sharpley et al.，1994)，对饮用水源、河流湖泊、河口海岸以及对水生生物造成污染(谭亚军等，2004)，因此，农药对水生态环境的污染问题已引起全世界人民的关注。

农业面源污染(非点源污染)是指在农业生产活动中，氮素和磷素等营养物质、农药以及其他有机或无机污染物质，通过农田的地表径流和农田渗漏形成的环境污染，主要包括化肥污染、农药污染和畜禽粪便污染等。随着经济的发展，点源污染逐渐被重视和得到治理，使得面源污染在环境污染中所占的比例越来越大，已成为世界范围内地表水和地下水污染的主要来源，全球30%～50%的地球表面已受到面源污染的影响(Corwin et al.，1998)。加强面源污染的治理不仅关系到社会主义新农村建设，也关系到整个经济发展和人居环境。控制面源污染已经成为改善水环境的重要任务。农业面源污染由于其污染物的广域性、分散性、相对微量性和污染物运移途径的无序性而具有机理模糊、潜伏周期长、危害大等特点，从而导致农业面源污染成为目前国内外环境污染治理的难点领域，也成为我国新农村建设尤其是环境建设的最大障碍。

最优管理措施(BMP)作为农业面源污染防治的重要工程技术，已经被广泛应用在农业非点源污染的控制中，用来减轻含有农药的径流对受纳水体的污染，人工湿地作为其中重要的工程措施具有不可替代的优势(Reichenberger et al.，2007)。人工湿地在污水处理中的应用已经有超过30年的历史，研究者们对进入湿地后的污染物的迁移规律和转化机理进行了大量的研究，其结果表明，在人工湿地去除污染物的过程中，基质、植物、微生物三者相互联系，互为因果，形成一个共生系统，利用基质-微生物-植物的物理、化学和生物的三重协同作用，通过过滤、吸附、沉淀、共沉、离子交换、植物吸收和微生物降解等来实现对污水的净化(王世和，2007)。很多人工湿地大多用于处理城市生活污水，或者用于深度处理，而过去研究也大多停留在湿地对氮、磷等营养元素的基础上。现在，湿地不仅可用于处理一般污染物，还用于处理一些特定污染物，例如医药品、内分泌干扰物、农药、工业废水(Vymazal，2009)。鉴于农业面源污染的特点，农村地区经济基础差，管理水平低，农业径流有面广、量大、分散、峰值间歇和无机沉淀负荷高的特点，而人工湿地技术的污染物去除率高、投资低、运转费用低、维护管理简便、耐冲击负荷能力强和有产出，因此人工湿地技术被越来越多地用于控制农业径流污染(卢少勇等，2007)。相对于国内对面源污染的控制主要停留在氮、磷等营养元素等常规污染物的研究而言，国外对利用人工湿地和天然湿地去除农业径流中农药的研究已经十分活跃(Moore，et al.，2007；Budd，et al.，2009；Vymazal，2009)。农药的种类很多，但农业径流中的主要污染物质是杀虫剂和除草剂。在美国密西西比河三角洲地区(Moore et al.，2002)，利用人工湿地去除杀虫剂二嗪农(diazinon)的研究表明，43%的污染物被植物所吸收(Moore et al.，2007)。另有文献报道，经过100～280 m的缓冲距离，人工湿地能够有效降低农业废水中的阿特拉津含量。McKinlay等(1999)研究了湿地系统中除草剂阿特拉津的去除，发现阿特拉津的去除主要依靠植物根系的微生物作用，但具体作用的微生物种类尚不清楚。如果能够进行合理的设计，人工湿地对农药有很好的去除效果，湿地出水中农药的浓度将远远低于进水浓度(林涛等，2008)。此外，水生植物和藻类对某些农药也有一定的吸收作用(Rose et al.，2006)。

1.2 扑草净的环境风险

1.2.1 扑草净的理化特性及使用

近30年来，三嗪类作为农田除草剂在世界范围内广泛使用。这类农药及其代谢产物难于降解，可以在土壤、水体和有机体内存在数年，从而被认为是最重要的农业化学污染之一(Wu et al.，2010)。扑草净(prometryn，prometryne，7287－19－6)化学名称为4,6－双异丙胺基－2－甲硫基－1,3,5－三嗪或2－甲巯基－4,6－双异丙氨基－均三氮苯，分子结构图如图1-1所示，属于目前应用最多的三氮苯类除草剂(苏少泉等，1996；赵善欢，2005)，是内吸传导型除草剂，被植物根系、叶片、芽鞘或茎部吸收后，传导到植物体内，使植物死亡。由于扑草净具有杀草谱广、药效长等优点，被广泛运用于多种作物的种植过程中，适用于棉花、大豆、麦类、花生、向日葵、马铃薯、果树、蔬菜、茶树等的杂草防除及水稻田防除稗草、马唐、千金子、野苋菜、蓼、藜、马齿苋、看麦娘、繁缕、车前草等一年生禾本科及阔叶杂草(Khan，et al.，1980；Waldrop et al.，1996；赵善欢，2005；曹军等，2007)。扑草净具有三嗪环结构，熔点为118～120℃，沸点为634.5℃(760 mmHg)，相对密度为1.15(20℃)，25℃时，在水中溶解度为48 mg/L，在有机溶剂中溶解度高，丙酮中为200g/L，乙醇中为140g/L，化学性质稳定，微酸、微碱介质中稳定，难降解(Bogialli，et al.，2006)，半衰期为13个月，极易污染环境。扑草净水中低生物活性又使得其在水中持续多年而不分解，容易在生物或人体内富集，从而对整个生态圈产生危害。有研究表明，通常情况下，易溶于水、残效期长的农药易污染水体，即溶解度为30mg/L以上，土壤有机吸附常数低于300，田间降解半衰期大于3周，具有这样性质的农药对水环境易造成污染(谭亚军等，2004)。由此判断，扑草净属于容易对水环境造成污染的农药。

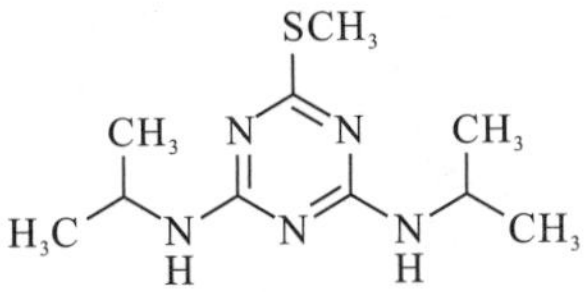

图1-1　扑草净的化学结构式

扑草净除了在旱田，果树、茶园及桑园使用外，因其对水体中杂草、水草和丝状藻类的防除有显著效果，从20世纪70年代开始被用于水产养殖中(徐世谦等，1983；谭亚军等，2003；田秀慧等，2013)，此后其用量快速增长(张广举，2008)，因此，扑草净对生态环境的影响已引起世界各国的重视(刘长江等，2002，Wang et al.，2014)。欧盟于2004年1月1日起禁止销售和使用扑草净，美国禁止其直接用于水体、地表水域或潮间带(Paquin et al.，2002；Janis，2013)。在中国，2005~2010年，扑草净的市场份额逐年增高，其年均增长率在均三氮苯类除草剂中最高，达到18.5%。在全球市场上，扑草净的年销售额从2009年的0.35亿美元增加到2010年的0.65亿美元(张一宾等，2013；张秀珍，2013)。扑草净于2010年被列入《国家标准代替废止目录》(中华人民共和国农业部，2010)，但是，我国许多地区在水产养殖业中仍将其作为“水质改良剂”使用(Zhou et al.，2009a；陈溪等，2013)。扑草净作为“水质改良剂”在水产养殖中的大量使用，已经造成水产品中扑草净残留频频超标。根据我国水产品出口现状，我国对日出口的鳗鱼、虾、海水贝类、蟹等水产品因扑草净超标而出现严重的贸易壁垒(刘栋等，2013；李庆鹏等，2014)。因此，扑草净除了对水生生态环境造成严重影响外，还直接影响我国的进出口贸易。

1.2.2　扑草净的环境风险

扑草净作为三氮苯类除草剂的一种，其广泛使用导致其在农作物和水产品(鱼、虾、贝、蟹、海参、紫菜等)中的累积残留(倪鹏等，2014；宋业萍等，2014)，经过生物富集作用主要积聚于动物的脂肪组织中(刘栋等，2013)，通过食物链直接损害人类的健康(李淑娟等，2007)。扑草净还经常在地下水、地表水甚至母乳中被检测到(Zhou et al.，2011)。扑草净不仅可直接对水生植物和浮游植物的生存状态产生显著影响，对鱼类等水生动物也表现出一定的毒理效应，而且可通过微型生物的降解作用产生一系列具有潜在毒理效应的代谢产物，这些物质的存在都有可能通过食物链及食物网的传递对水生态环境中的各级生物造成急性、慢性或遗传毒性，从而引发水生态系统中生物种群的结构和数量发生改变，破坏生态平衡。扑草净经过食物链和生物富集作用，成为食品安全问题的主要来源之一，对人类健康和环境造成严重的危害(Khan et al.，1980；杨云等，2004；单正军等，2008)。非但如此，扑草净还是一种环境内分泌干扰物质，其进入机体内可导致生物体内分泌系统、生殖器官、神经系统和免疫系统异常等病症(曹军等，2007；Zhang G J，2007；Shi et al.，2014)，还可引起蛋白质重组和构象改变(Wang et al.，2014)，诱发人体癌变、不育及先天性缺陷(董丽娴等，2006；Bogialli et al.，2006；Orton et al.，2009；Kegley et al.，2010；Ma et al.，2010；Sergio et al.，2013；Zhou J H et al.，2013；Philip 2014)。因此，扑草净在水产品、环境等方面的残留及污染，除了对贸易方面有直接影响外，已经对环境及人类健康造成威胁。

目前，有关扑草净的研究多集中于扑草净的分析测定方法、在土壤中的吸附解吸规律、在稻田中的消解动态以及生物降解等方面(杨炜春等，2002；沈伟健等，2008；陈溪等，2013；周际海等，2013；王鑫宏等，2014)。研究表明，三嗪类除草剂主要在芳环上 N 原子处发生拉曼光谱反应(Srgio et al.，2013)；水相中，扑草净在紫外线下的降解符合一级动力学 Langmuir-Hinshelwood 模型。(Evgnidou et al.，2007)。对扑草净污染的防除报道仍然较少。目前，对这一环境污染物的去除主要以高级氧化法为主(李绍峰等，2010)，H_2O_2助 TiO_2可见光催化降解水中的扑草净，但反应体系不能氧化分解三嗪环结构，降解终产物为三聚氰酸(李庆奎等，2014)。以上分析表明，扑草净的污染防除技术还需进一步从理论深度进行深入研究，以找到一个投入低、没有二次污染、适用性强的防除技术，这就需要从一个新的角度进行理论基础的研究。

扑草净因其结构稳定、难以降解，被微生物矿化过程十分缓慢，其污染已受到国际社会的深度关注，解决扑草净对水环境的污染问题已经迫在眉睫。

1.3 香根草的生物学特性和在环境修复中的应用

1.3.1 香根草的生物学特性

香根草(*Vetiveria zizanioides* L.)，又名岩兰草，近年国外将其归入禾本科金须茅属，是一种多年生丛生高大草本，二倍体植物，染色体为 20 条。香根草原产于印度等国，现主要分布于东南亚、印度和非洲等(亚)热带地区，具有适应能力强，生长繁殖快，地上部分密集丛生，根系发达，对土壤要求不严，在盐碱、酸性、瘠薄、紧实、重金属污染土壤均能生长的特点。香根草是陆生植物，能耐长期干旱，但也耐水淹，在完全淹水 5 个月后仍能存活，并在潮湿土壤中生长良好，具有很强的生态适应性和抗逆能力。由于其耐旱、耐瘠等特性，有“世界上具有最长根系的草本植物”“神奇牧草”之称；被世界上 100 多个国家和地区列为理想的保持水土植物。香根草生态工程被认为是人类战胜水土流失和净化污染环境的新希望(Condon，1994；Xia et al.，1998)。香根草主要靠无性繁殖，最常用的有分蘖育苗法、扦插育苗法、留母株繁殖法、纵剖繁殖法以及压条繁殖法等(李文送，2007)，多数品种不能进行种子繁殖。姚振等对香根草种子进行萌发试验后发现，种子的发芽率太低(李文送，2007；姚振等，2007)。香根草能够在多种条件下生长：在气温为－15 ～55℃(Danh et al.，2009)、降水 200～6000 mm、海拔 2600 m 以下的地区均可以栽培(管淑艳等，2007)。靖元孝等(2001)报道了香根草具有很强的耐淹能力，是一种两栖植物。黄丽华等(2006)将香根草和几种人工湿地植物进行了根系扩展能力的比较试验研究，发现香根草强于其他植物，证实香根草是一种典型的湿地植物，能净化富营养水体、净化处理垃圾场的渗滤液等。香根草能在任何类型的土壤中生长，即使强碱(pH=10.5)、强酸(pH=3.3)、高盐含量(盐饱和度为 47.5%)或受金属污染的土壤中上也有较强的适应能力。目前，香根草已被发现是一种抗逆性很强的植物，它对酸、碱、盐、重金属、有机物等都表现出了较强的抗性(夏汉平，2000)。

1.3.2　香根草在环境修复方面的应用

早在 20 世纪 50 年代，我国开始从印尼、印度等国家引种栽培香根草来提炼优质精油。1988 年，由格雷姆肖先生引入“世界行中国南方红壤开发”项目后，在广东、浙江、江西和福建等省开始开发利用香根草，主要应用于水土保持、道路两侧的稳固土方工程以及作为绿篱防治侵蚀。目前，香根草及其系统已被 160 多个国家和地区推广应用，香根草技术已在我国南方 10 多个省区引种推广。目前对香根草的研究利用集中于水土保持，固坡护堤(钟声等，2001)，精油深度开发利用(郭勇等，2008)，牧草开发，食用菌栽培(林占禧，1996；方白玉，2005；林辉等，2009)，造纸原料(林辉等，2009)，制作环保花盆、装饰品、纸箱、地板、胶合板、刨花板、一次性餐盒等多种产品(王欣等，2010)。但相关基础研究却较薄弱，主要集中在香根草的种质资源、繁殖方式、生理生态方面。

随着香根草研究的进一步深入，其用途将更加广阔、丰富(徐礼煜，2009)。对香根草的研究也从过去的种质资源、繁殖方式、引种栽培、适应性及生理生态方面，转向更广阔的环境修复方面的应用(蒋冬荣等，2008)。由于香根草对重金属有较高的耐性，被广泛用于重金属修复。香根草对铬、镍、砷、镉、锰、铜、汞、铅、硒、锌等有极高的忍耐程度(Danh et al.，2009)，刘云国等(2010)的研究表明，香根草能使根内重金属以活性较弱的化学形态存在，或者从较高活性向较低活性形态转移，这种机制在很大程度上限制了其从地下部分到地上部分的转移。因此，通过香根草的富集，减小了重金属进入食物链的风险。香根草在根际过滤技术方面的应用和矿山地区的水土保持、植被恢复、防止地下水污染等方面具有巨大的潜力(刘云国等，2010)。

人工湿地技术是利用湿地中基质、植物和微生物之间的相互作用，通过一系列物理、化学及生物作用来净化污水(Ryszard et al.，1997；叶建锋，2007；杨新萍等，2008)。近年来，人工湿地被广泛应用于农业面源污染控制中。因植物修复具有投入低、治理效果明显、不易产生副作用、可恢复和建设生态环境的特点，被越来越多地用于控制农业径流污染(卢少勇等，2007；帖靖玺，2007)，在农业非点源污染控制中具有不可替代的优势(Spänhoff et al.，2007)。从20世纪50年代开始，人们对农药的植物修复机理及应用进行了大量的研究，农药的植物修复已经成为环境污染研究的一个热点，有机农药污染的治理及被污染生态环境的修复已引起各国政府的高度重视(张伟等，2007；魏海林等，2010)。在人工湿地系统中，植物是核心要素，也是影响农业径流中农药的去除效率的重要因素(Watanabe et al.，2001)。湿地植物不仅可以通过直接吸收带走污质，还可通过根系滞留、促进根际硝化与反硝化速率，改善通气条件，提高根际微生物的降解活性等交互作用来提高系统整体的净化能力(陈进军等，2008；陈永华等，2008)。由于不同湿地植物对农药的耐受性和富集能力差异很大，而且植物的生长具有区域性，受环境因素影响较大，所以有必要对适用于人工湿地处理农药的植物进行筛选和研究，以开发适合于去除农业径流中农药的优势植物(魏海林等，2010)。植物对有机物的吸收能力和有机物的结构、理化性质及植物的种类密切相关。有关植物叶面吸收污染物的预测方程研究较多，但仍无法对所有植物和污染物进行系统而准确的预测(Simonich et al.，1994a；Simonich et al.，1994b)。挺水植物是构建人工湿地植被系统的主要植物类型，具有吸收同化污染物和拦截、过滤污染物的作用(Brix，1997；Gopal，1999)。因此，寻找一种能对扑草净污染耐受性强的挺水植物，及对扑草净的吸收降解规律进行研究将是研究的一个新思路。

近年的研究发现，湿地植物香根草在植物修复方面具有巨大潜力。香根草既是旱生植物也是水生植物，具有较高的抗旱耐涝能力，是一种两栖植物。20世纪末，我国开始将香根草用于环境治理和污染控制方面的研究(邓绍云等，2010)。香根草人工湿地已展现出较强的净化污水潜力，研究表明，香根草是净化富营养水体的优良植物，对氮、磷有较高的去除率(陈怀满，1997)，其对水体的净化效果优于其他几种供试植物(谢建华等，2006)；用香根草净化处理垃圾场的渗滤液，其效果较好；用香根草人工湿地来净化工业炼油废水和猪场废水，都有较好的效果，并通过比较发现，其优于其他几种植物(廖新俤等，2002；夏汉平等，2002，2003）。这些都是香根草作为人工湿地植物，在净化污水方面表现出的较好的效果和较强的耐污能力。香根草在污水净化能力和根系扩展能力方面均表现突出（蒋敏等，2012），根系扩展能力强于其他植物供试的六种人工湿地植物，对污水中的总氮、总磷的降解率（分别为 90.70%、86.39%）显著高于表现其次的黄菖蒲（分别为 72.39%、79.59%）和其他挺水植物（黄丽华等，2006；杨林等，2011）。香根草对有机和无机化学物质都有很高的亲和力，能成功地去除多环芳烃（PAH）、有机氯农药（Paquin et al.，2002；Mao et al，2014），通过谷胱甘肽转移酶（GST）的催化使阿特拉津脱毒，并通过细胞色素 P450 酶系介导阿特拉津进行脱烷基化作用（Makris et al.，2007）。Marcacci 等（2006c）用水培方法培养的香根草对除草剂莠去津的吸收和降解做了研究，结果表明，香根草能将莠去津转化为极性化合物，并且得出香根草对莠去津的主要解毒代谢途径为结合为谷胱甘肽（Schwitzguébel et al.，2003），羟基化作用不是莠去津在香根草体内代谢的主要途径（Marcacci et al.，2005）。香根草在重金属的污染修复方面也得到较深入研究，香根草对 Cd 毒害的耐受能力较强，具有对 Cd 污染土壤的修复潜力（努扎艾提等，2009），对土壤中 Cd、Cr、Pb 和 Ni 四种重金属离子具有较高的富集能力（韩露等，2005），对重金属的耐受性遵循 Zn>Pb>Cu 的规律（Rotkittikhun et al.，2007；Singh et al.，2008；马博英，2009；Andra et al.，2009；Norbert et al.，2014）。香根草还能吸收低浓度的炸药废料 2、4、6－三硝基甲苯（TNT）（Marcacci et al.，2006；Das et al.，2010）。香根草还能降解苯类物质，具有对有机物污染土壤的修复潜力。因此，国外已经对香根草对重金属修复和对农药的吸收和降解方面进行了较深入的研究。国内对香根草的研究和开发利用起步较晚，目前主要集中在香根草的适应性、栽培繁殖及水土保持功能等方面的研究，以及用香根草降解受多环芳烃类化合物污染的水稻土中的污染物的研究，例如，Li 等（2006）用香根草降解受苯并[a]芘污染的水稻土中的苯并[a]芘，结果表明，香根草可以通过促进土壤微生物量的增加来对苯并[a]芘进行生物降解。香根草对农药，尤其是实际生产中的常用农药的吸收和降解鲜有报道。

扑草净和阿特拉津均属于三氮苯类除草剂，较难溶于水，易溶于有机溶剂，属于亲脂性化合物。综合前人研究结果推测，香根草也可通过吸收转移从而去除水体中的扑草净污染。然而，扑草净的分子结构和阿特拉津又有所不同，导致一些物理和化学性质的差异，其是否能被香根草吸收、去除，及其在被吸收、去除过程中的影响因素、去除规律以及去除机制等问题，还有待于进一步研究。

1.3.3 农药的水溶性和尿素对植物修复效果的影响

农药的水溶性，即农药在水中的溶解度，是农药在环境中迁移、转化的一个重要理化参数。对农药在环境中的迁移性、吸附性、生物富集性以及农药的毒性都有很大影响。水溶性大的农药容易从农田流向水体，或通过渗漏进入地下水，也容易被生物吸收，导致对生物的急性危害；水溶性小的农药容易被土壤吸附，在环境中不易引起更大范围的污染；脂溶性强的农药容易在生物体内积累，易引起生物的慢性危害(刘维屏，2006；Đikić，2014)。

有机物的水溶性又受多种因素的影响，包括温度、溶液 pH 等。有研究表明，尿素能作为助溶剂提高 2,4,6－三硝基甲苯(TNT)被水介质中的香根草和小麦吸收(Makris et al.，2007b；Makris et al.，2007c)，另外，在尿素存在条件下，可以显著提高 2,4,6－三硝基甲苯(TNT)在植物根系和溶液交界表面的溶解度($p<0.001$)，从而提高不同植物对 TNT 的去除能力和去除动力(Makris et al.，2007c)。为探究尿素对扑草净溶解度的影响，将尿素、溶液 pH 和平衡时间作为影响因素，用平衡法研究这三者对扑草净溶解度的影响。

1.3.4 腐植酸对降解和减少有机污染物的作用

腐殖类物质(humic substances，HS)是溶解性有机质的主要组成部分，从水溶性来讲，可分为富里酸(FA)(或黄腐殖，可溶于任何 pH 范围)、腐植酸(HA)(或胡敏酸，不溶于酸性 pH 范围)和腐植素(或腐黑物，不溶于任何 pH 范围)。广义而言，腐植酸和富里酸属于特殊的可溶性有机质。可溶性有机质(DOM)通常是指通过 0.45μm 筛孔且能溶解于水、酸或碱溶液的不同大小和结构的有机分子混合体，而 DOM 组分中 25%～50%由腐植酸(HA)和富里酸(FA)组成(欧晓霞，2008)。腐植酸是自然界中广泛存在的大分子有机物质，是动植物遗骸，主要是植物的遗骸，经过微生物的分解和转化，以及地球化学的一系列过程造成和积累起来的一类有机物质。腐植酸是有色的、有光化学活性的，由一系列化学结构类似的苯梭酸、酚梭酸作为有机物原料，和其他酸组成的混合物。腐植酸广泛应用于农、林、牧、石油、化工、建材、医药卫生、环保等各个领域。尤其是现在提倡生态农业建设、无公害农业生产、绿色食品、无污染环保等，更使腐植酸备受推崇。其结构复杂，含有羟基、羧基、酚羟基等多种官能团。中国从事腐植酸科学研究的高等院校、研究院所多达一百多个，取得了众多科研成果，一些技术产品已经达到国际领先水平。如 HA 有机肥、FA 抗旱剂、SPNH 高温高压降滤失剂、HA 多功能无污染水处理剂环保产品等。在腐植酸综合利用方面，虽然起步晚，其技术水平在世界上并不落后。

腐植酸在农、林、牧、渔、医药方面的应用广泛，对环境保护中有机污染物的减少和降解同样有着非常重要的作用，因此，加强腐植酸在环境保护领域中的应用是现代产业可持续发展的重要措施(纪小辉等，2008)。近年来，随着经济的快速发展，农药(除草剂和杀虫剂等)、抗生素、染料及有毒化学原料等有机污染物给环境带来的压力越来越大，对环境造成的污染也日益严重，众多的污染物较难被微生物自然转化和降解(曾庆藻等，1994)。HA 作为最重要的天然吸光物质之一，光化学性质较为活泼，吸收光子后会引发一系列的自由基反应，产生活性氧自由基，从而影响共存体系中有机污染物、重金属(Byrne et al.，1998)等物质的迁移转化规律。研究表明，腐植酸对不同种类的有机污染物包括除草剂、杀虫剂、抗生素、染料和有毒化学原料光降解有不同程度的抑制或者促进作用，腐植酸与铁络合后，促进光催化降解阿特拉津(欧晓霞，2008)。腐植酸及腐植酸类产品对有机污染物降解，尤其是结构复杂的大分子腐植酸对水体及土壤污染的降解有很好的作用。因为腐植酸是酸性物质的混合物，具有螯合、络合、吸附、离子交换等功能，是一种具有很强吸附能力的吸附剂。一般认为，腐植酸是一组芳香结构的、由芳香核联接核的桥键(溶液－O－、$-CH_2-$、－NH－等)以及核上的活性基团所组成。这些基团决定了腐植酸对离子的吸附性能，是一种很好的吸附剂。同时，腐植酸类物质对有机污染物特别是水体中的有机污染物有很好的固定沉淀作用，可减轻水体污染对生态环境造成的影响。腐植酸还可通过氧化还原作用，降解土壤和水体中的有机污染物。腐植酸具有可逆性的氧化还原和离子交换功能，它能够与水中和土壤中的有机物的不饱和键作用，使污染物降解。一部分是通过这种氧化还原作用，将有机污染物分解成 CO_2 和 H_2O 释放到土壤或空气中；另一部分是分解产生羟基自由基，羟基自由基和水中的有机物作用，使有机污染物被降解。腐植酸类肥料还可以通过促进植物生长，增加植物对有机污染物的吸收、降解等达到净化作用。腐植酸含有多种官能团，特别是被活化的腐植酸成为高效率的生物活性物质，对作物的生长发育及体内生理代谢有刺激作用，并协同根系将有机污染物吸附在根的表面，而植物通过直接或者间接吸收有机污染物，然后将所吸收的有机污染物转化成无毒的其他有机物，或是通过降解作用将有机污染物分解为无毒的小分子化合物，或是将有机污染物经过植物的降解转化成 CO_2 和 H_2O，腐植酸对植物的生长也有重要作用(张毅民等，2005)。

研究表明，腐植酸的两种组分对小白菜吸收 Cd 的影响差异很大，富里酸促进小白菜对 Cd 的吸收，腐植酸抑制小白菜对 Cd 的吸收(何雨帆等，2009)。腐植酸还能促进草本植物对重金属铅(Pb)、铜(Cu)、镉(Cd)和镍(Ni)的吸收和累积，提高植物对重金属的生物富集系数(Soyoung et al.，2014)。腐植酸的吸附作用和催化作用共同促进菊酯农药的光解，并在其浓度为 3mg/L 时有最理想的降解效率(王平立，2012)。一定浓度腐植酸水溶液处理后，茄子、黄瓜果实和玉米胚乳中总糖、总蛋白、维生素 C(Vc)含量及 SOD、POD 的活力都比对照组高。

旺盛生长期的茄子、黄瓜和玉米叶片长度、宽度均优于对照组，茄子和黄瓜果实的周长与黄瓜果实的长度也均优于对照组，说明适宜浓度的腐植酸对某些植物的生理、生长有很好的促进作用(刘旭丹，2014)。程爱华等(2012)研究了腐植酸共存时，NF90纳滤膜对去除水中的一种内分泌干扰物质——邻苯二甲酸二丁酯(DBP)的影响，研究表明，腐植酸共存时，腐植酸会吸附或截留在膜上，堵塞膜孔，造成膜通量的下降和DBP截留率的增加，此外，腐植酸和DBP在氢键作用下形成复合体，也是DBP截留率升高的主要原因。

根据腐植酸对植物吸收累积重金属的促进作用，对植物生长发育的促进作用，推测可能通过提高扑草净在水溶液中的溶解度，或提高扑草净在香根草根系中的吸附作用，从而促进香根草对扑草净的吸收和转移，进而达到促进香根草对水溶液中的污染物扑草净的去除作用。因此，本书研究拟添加腐植酸处理，研究其能否促进香根草对霍格兰营养液中扑草净的吸收和去除作用。

1.4 本书研究目的和意义

人工湿地在污水处理中的应用已经超过三十年的历史，人工湿地大多用于处理城市生活污水或者作为深度处理，而过去的研究也大多停留在湿地对氮、磷等营养元素的基础上。现在，湿地不仅可用于处理一般污染物，还用于处理一些特定污染物，例如医药品、内分泌干扰物、农药和工业废水(Vymazal，2009)。近年来，扑草净的大量使用及不合理使用导致其在水产品中的残留，不仅直接影响我国的出口贸易，其在环境中的残留及污染，已经对环境及人类健康造成威胁。有关扑草净的研究多集中于扑草净的分析测定方法、在土壤中的吸附解吸规律以及生物降解等方面(Gilliom，2001；Stefan et al.，2007；Moore et al.，2009)。国内对于扑草净的研究特别是植物修复规律、消解动态及其机理等问题尚未见报道。作为一种对有机和无机化学物质都有很高的亲和力的植物，香根草在污染物修复方面表现出较强的耐污性和污染物修复能力。目前，国内对人工湿地控制农药方面的研究还处于起步阶段，而农业径流污染特别是扑草净的水污染问题却是一个亟待解决的问题。

本书研究以扑草净水污染为切入点，选择香根草为修复植物，研究香根草对扑草净污染水溶液中扑草净的污染去除规律与吸收动态，从香根草对扑草净污染水体的适应性和对扑草净的去除潜能，研究香根草对受扑草净污染水体中吸收、转移以及去除扑草净的动态变化规律，添加腐植酸对香根草吸收去除水溶液中扑草净的影响。本书研究可为受扑草净污染水体的植物修复提供理论依据，为减少农业径流中农药带来的非点源污染控制提供基础数据，同时也可使我国在香根草的研究和开发利用方面及我国水环境污染修复方面的研究得到深入和深化。此外，本书研究成果对实现人工湿地技术去除农药污染提供重要的指导意义，对促进学科(环境科学、农药学、植物学)交叉融合、为我国越来越严重的农业径流污染及农药污染的环境治理提供重要的理论支撑，在为地表水中农药污染研究工作提供有益借鉴的同时，为建立流域农业非点源污染控制技术体系和实施有效的饮用水源地环境管理提供科学依据，对人类健康和环境污染治理具有重要的理论意义和现实意义。

1.5　研究内容和技术路线

1.5.1　研究内容

本书致力于证实香根草对受扑草净污染水体中扑草净的去除作用的研究，努力探究香根草对扑草净的吸收和去除规律，吸收去除动态以及扑草净在香根草植株内的残留的动态，添加腐植酸对香根草吸收去除水溶液中扑草净的影响。研究内容主要包括：

(1)影响扑草净溶解度的因素；

(2)建立水体和香根草植株体内扑草净的提取和测定方法；

(3)香根草对水体中扑草净的吸收和去除动态规律；

(4)添加腐植酸对香根草吸收水溶液中的扑草净效果研究。

1.5.2　技术路线

本书研究的执行按图 1-2 的技术路线图进行，并在研究过程中根据前期试验结果不断调整。在研究扑草净溶解度及其影响因素部分，根据 Makris 等(2007b, 2007c)的研究结果，尿素的存在可显著提高 2,4,6－三硝基甲苯(TNT)在香根草根系和溶液交界表面的溶解度，从而提高植物对 TNT 的去除能力和去除动力，选择添加尿素作为对扑草净水溶解度的影响因素之一。然而，根据添加尿素后扑草净溶解度的研究结果，扑草净溶解度受尿素的影响取决于添加尿素的浓度和平衡时间，并受溶液酸碱度的影响。特别是平衡时间起决定作用，因此，在接下来的动态试验过程中，调整为添加腐植酸对香根草吸收去除扑草净的影响。扑草净在不同基质中被提取的测定方法也均有报道，但由于基质不同，仪器及其配件等不同，所使用的提取和测定方法都有差异。因此，结合实验室的仪器条件，对本书研究所涉及的水溶液和香根草植物中的扑草净提取方法需进行研究，这是本书研究后期得以顺利进行的基础。所幸的是，在研究过程中首次建立了扑草净的新的检测方法，使得本研究的后续试验得以顺利开展。

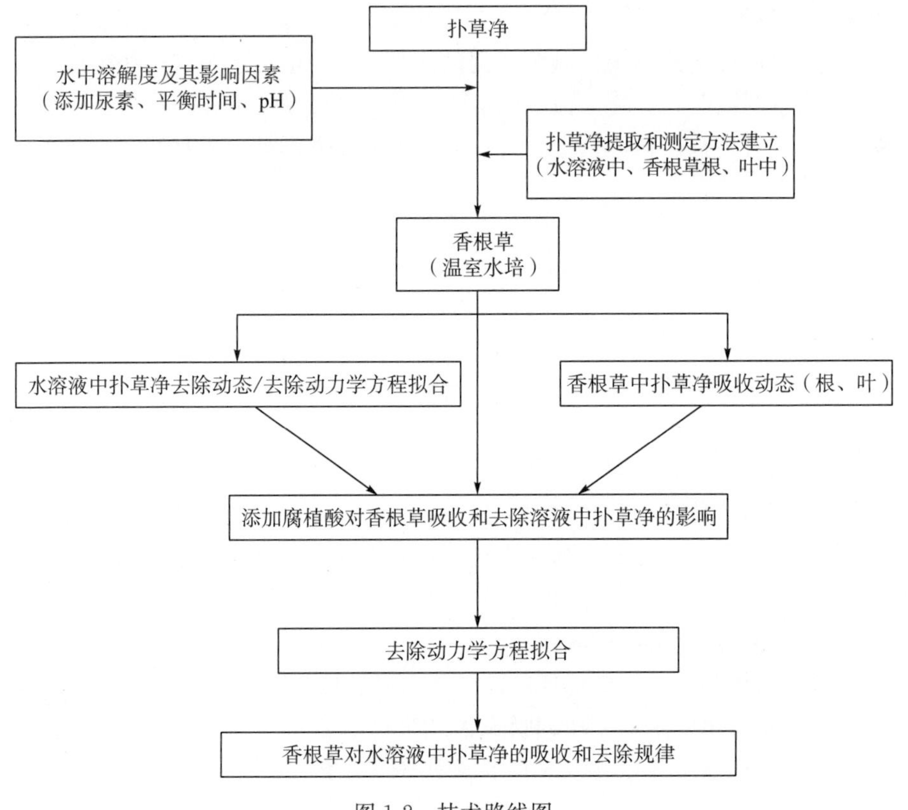
扑草净
水中溶解度及其影响因素
（添加尿素、平衡时间、pH）
扑草净提取和测定方法建立
（水溶液中、香根草根、叶中）
香根草
（温室水培）
水溶液中扑草净去除动态/去除动力学方程拟合
香根草中扑草净吸收动态（根、叶）
添加腐植酸对香根草吸收和去除溶液中扑草净的影响
去除动力学方程拟合
香根草对水溶液中扑草净的吸收和去除规律

图 1-2 技术路线图

第2章　扑草净的溶解度及其影响因素研究

2.1　引　言

扑草净在水中的低生物活性使扑草净在水中多年不分解，这就使扑草净对水环境甚至是人体健康造成了非常大的潜在危险。这些都归咎于扑草净的物理化学性质，如水溶解度、吸附性和水解特性(Sabik et al.，2003；Evgenidou et al.，2007)。扑草净的化学性质稳定，具有生物毒性，且容易在生物有机体内富集(Wang et al.，2014)。

扑草净在水产养殖中的广泛使用使得其残留在养殖水体和水产品中。例如，扑草净在水产养殖中的过度使用导致扑草净在出口日本的水产品中的残留频频超过日本的限量标准(0.05mg/kg)(Janis，2013；Wang et al.，2014)，这使日本加强了对我国水产品的命令检查，2012年4～8月，日本查出从我国进口的3种贝类产品中农药扑草净残留超标，共计14批次，其中浅蜊11批次，蛏子2批次，文蛤1批次。该事件发生后，日本对我国上述贝类产品中扑草净超标产品采取了废弃或退货(全部监管)的措施，导致对日本水产品的出口出现严重的贸易壁垒，同时也导致高残留产品冲击国内市场的潜在风险(李庆鹏等，2014)。此外，扑草净在水体、土壤中持续多年不降解，甚至在生产企业或使用区域周边的空气中被检测出来，在雨水样品中也偶尔被检出(Wang et al.，2014)。扑草净是一种环境激素，当它进入人体后，可导致内分泌系统功能障碍，生殖系统、神经系统和免疫系统功能异常，甚至使人体发生病变(Zhang et al.，2008；Shi et al.，2014)。扑草净还会导致蛋白质重组和结构的变化(Wang et al.，2014)，引起人体癌变、不育或者出生缺陷(Bogialli et al.，2006；董丽娴等，2006；Orton et al.，2009；Kegley，2010；Ma et al.，2010；Bonora et al.，2013；周际海等，2013；Wexler，2014)。残留在养殖水体中的扑草净，不仅可直接对水生植物和浮游植物的生存状态产生显著影响，对鱼类等水生动物也表现出一定的毒理效应，而且可通过微型生物的降解作用产生一系列具有潜在毒理效应的代谢产物。这些物质的存在都有可能通过食物链及食物网的传递对水生态环境中的各级生物造成急性、慢性或遗传毒性，从而引发水生态系统中生物种群的结构和数量发生改变(Ma et al.，2010；Bonora et al.，2013；张骞月等，2014)。

由于以上原因，扑草净于2004年被欧盟禁止使用(李庆鹏等，2014)，然而，扑草净在中国、美国、加拿大和南非仍然被广泛使用(Zhou et al., 2009; Zhou et al., 2013; Kegley et al., 2014)。在中国渤海某些海域和西太平洋某些海域的 60 个站位，扑草净的检出率为 100%，10 个站位实际样品中，扑草净的检出量为 0.44～10.58μg/L(任传博等，2013)。扑草净在捷克的湖中被检出 0.51μg/L(Stara et al., 2012)，希腊的地表水中检出 0.91～4.40μg/L，地下水中超过1μg/L(Vryzas et al., 2011)。扑草净对人类的生态毒理学危害超过可接受范围(Papadakis et al., 2015)。因此，扑草净不仅不易被降解，而且在环境中广泛分布，可能通过食物链对人体产生急性或慢性毒性。

化合物的水溶性是影响物质在环境中归宿的重要因素之一。溶解能力直接影响物质的生物富集程度，淋溶到地下水的难易程度和在径流中的污染程度(Wang et al., 2012)。扑草净在水中的溶解度相对较低，一些文献报道在 20℃时为 33mg/L，另一些文献中为 48mg/L，半衰期为 1～3 个月，还有一些文献中半衰期为 390d，稳定存在于使用过 12～18 个月的田地中，持续多年(Chen et al., 2013; 赵倩等，2015)。

因此，为探究尿素对扑草净溶解度的影响，尿素、溶液 pH 和平衡时间被选定为三个因素，采用平衡法对这三个因素对扑草净溶解度的影响进行系统研究，为下一步的香根草吸收扑草净提供基础数据。

2.2 材料和方法

2.2.1 实验设计

平衡时间、尿素浓度和不同 pH 对扑草净水溶解度的影响实验设计如表 2-1 所示。

表 2-1 试验设计

项目	相关梯度
平衡时间	24h、48h、72h
尿素的浓度	0mg/L、500mg/L、1000mg/L(0mg、25mg、50mg 溶于 50ml 溶液中)
溶液 pH	5.5、7.0、8.5
扑草净	5mg/50mL
溶液量	50mL
分析方法	用摇筛平衡－离心－液相色谱测定扑草净

根据试验设计(表 2-1)，扑草净的储备液或溶解的尿素被加到装有 10mol/L 的 PIPES 缓冲液(1L nano water, 3.024g PIPES, 0.745g KCl)的离心管中，用 0.1M 氯化钠溶或 0.1M 氢氧化钠溶液调节 pH(±0.02)，通过 pH 计测定 pH，

保证溶液总量为50mL，盖上盖子防止液体流出，固定在振动器上，在(25.0±0.01)℃室温条件下，根据设定时间平横，然后以9800r/min的速度在离心机里离心15min(Allegratm 21R centrifuge，USA)。上清液用装有1.2μm滤膜的针头式过滤器过滤，滤液转入1.5mL的安捷伦样品瓶并盖上盖子，用HPLC测定扑草净浓度。各处理设三次重复(Loftsson et al.，2006)。

2.2.2 溶剂和标准品

正己烷、乙腈和甲醇(色谱纯)购于德国默克生物科技有限公司，扑草净标准品(99.5%)购于西格玛奥里奇有限公司(USA)，尿素，CAS number，57−13−6由蒙特克莱尔州立大学理学院地球化学系提供。HCl、NaOH、无水硫酸钠和其他试剂为分析纯。

2.2.3 仪器设备

液相色谱(Thermo Scientific，USA)，色谱柱为C−18色谱柱(100×4.6HYGold 55 M；Chromstar，Varian Inc.，USA)，流动相甲醇(HPLC grade)∶水(nano water)为70∶30(V/V)，在使用前超声脱气处理。流速、进样量和运行时间分别为1.5mL/min、10μL和3.5min，检测波长为226nm，标准曲线方程：$Y=32.959X+2.3638$，$R^2=0.9987$，标准曲线浓度范围为0～5mg/L，样品浓度超过5mg/L的稀释10倍使之在标准曲线浓度范围内。

2.3 结果与分析

2.3.1 不同平衡时间(24h、48h、72h)与扑草净溶解度的关系

扑草净在不添加尿素时，不同pH条件下，分别平衡24h、48h和72h的溶解度如图2-1所示。结果表明，相同pH条件下，平衡72h的扑草净的溶解度与平衡24h和48h的有显著差异($P<0.01$)，扑草净溶解度平衡24h和48h之间没有显著差异($P>0.05$)。与平衡24h和48h相比，在平衡72h时，同一pH条件下，扑草净的溶解度显著降低($P<0.01$)。平衡24h和48h，pH对扑草净的溶解度没有显著影响($P>0.05$)。然而，在平衡72h时，pH对扑草净的溶解度有显著影响($P<0.01$)，如图2-1所示，在平衡72h后，扑草净的溶解度随pH(pH=5.5，pH=7.0，pH=8.5)的升高而显著下降。结果与Z−4−[3−(3,4−二甲氧基苯基)−3−(4−氟苯基)丙烯酰]吗啉(氟吗啉)的水溶解度随溶液酸碱度的变化

相似，Z型氟吗啉在酸性溶液中的溶解度高于在碱性溶液中的溶解度，E型异构体受溶液pH的影响较小(Wang et al.，2012)。

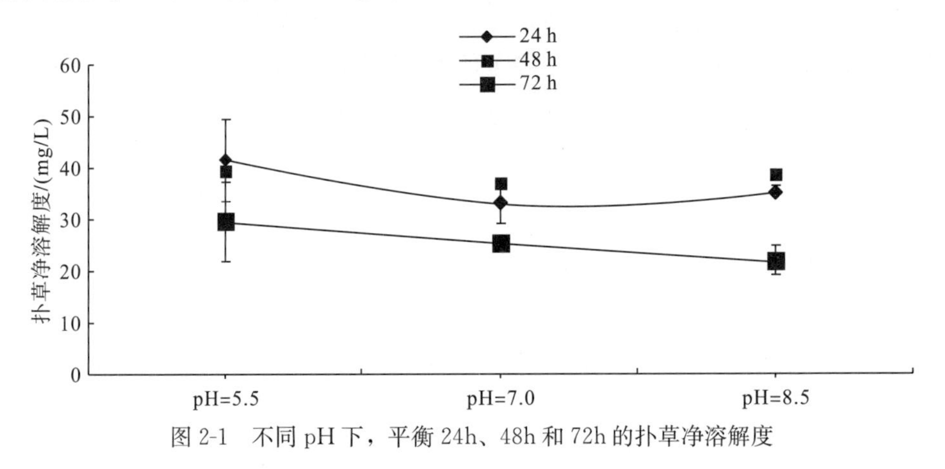

图2-1 不同pH下，平衡24h、48h和72h的扑草净溶解度

2.3.2 添加尿素对扑草净溶解度的影响

1. 平衡24h后，尿素对扑草净溶解度的影响

如图2-2所示，在平衡24h后，溶液pH为5.5和8.5时，扑草净溶解度几乎不受尿素的影响($P>0.05$)，然而，在中性溶液中(pH=7.0)，扑草净溶解度在加入1000mg/L尿素后，溶解度从基础的溶解度(约为33.5mg/L)显著提高到46.48mg/L($P<0.01$)。结果与(Makris et al.，2007c；Das et al.，2013；Das，2014)尿素在提高TNT在根毛区溶液界面和固液界面的溶解度结果相似，在弱酸性和弱碱性溶液中，尿素能提高扑草净的溶解度，提高的程度取决于尿素的浓度和溶液的pH。

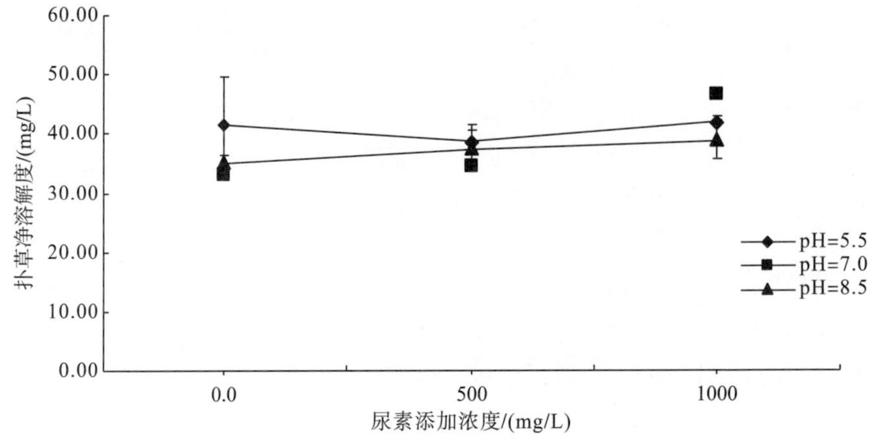

图2-2 平衡24h，扑草净的溶解度随pH和添加尿素的变化

2. 平衡 48h 后，尿素对扑草净溶解度的影响

如图 2-3 所示，平衡 48h 后，添加 500mg/L 的尿素除了在弱酸性溶液中(pH=5.5)有明显提高外，对扑草净的溶解度基本没有影响。然而，添加 1000mg/L 的尿素显著降低了扑草净的溶解度($P<0.01$)，三种 pH 溶液中，扑草净的平均溶解度下降到约 21.30mg/L。

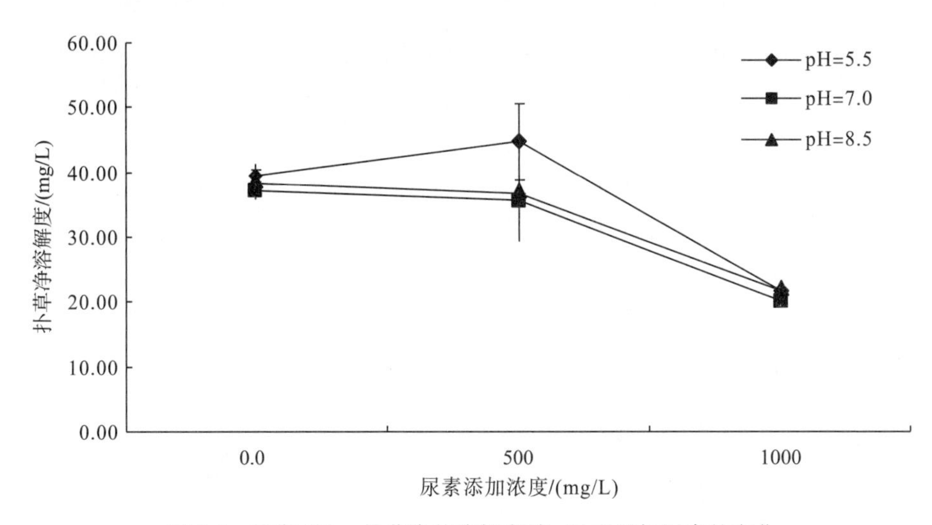

图 2-3　平衡 48h，扑草净的溶解度随 pH 和添加尿素的变化

2.3.3　pH 和添加 500mg/L 及 1000mg/L 尿素对扑草净溶解度的影响

随着溶液 pH 从 5.5、7.0 到 8.5，扑草净溶解度整体呈现出先下降后升高的趋势，如表 2-2 所示，特别是在平衡 72h 后，其变化更明显。在相同平衡时间，中性溶液中(pH=7.0)扑草净的溶解度低于在弱酸性和弱碱性溶液中的，尤其是平衡 72h 后，中性溶液中的溶解度降到约 23mg/L，显著低于平衡 24h 和 48h 的同一 pH 溶液中的溶解度。我们可以推断，在加入 500mg/L 尿素后，扑草净的溶解度受 pH 的影响取决于平衡时间。在平衡 24h 时和 48h 时，扑草净的溶解度受溶液 pH 的影响较小。

表 2-2　添加 500mg/L 尿素时，扑草净溶解度随平衡时间和 pH 的变化

平衡时间/h	pH		
	5.5	7.0	8.5
24	38.50 ± 3.02^{b}	34.50 ± 1.99^{bc}	37.45 ± 3.15^{b}

续表

平衡时间/h	pH		
	5.5	7.0	8.5
48	44.69±10.15[a]	35.52±6.19[bc]	37.23±4.51[b]
72	36.92±2.01[bc]	22.86±2.10[d]	39.18±8.87[b]

注：同一组数据后面的字母相同表示两者差异不显著，字母不同表示差异显著($P<0.05$)，下同。

在1000mg/L尿素溶液中，扑草净受平衡时间的影响极显著($P<0.01$)。扑草净溶解度在平衡24h时最高，在平衡48h时，降到最低(三个pH的平均值约为21.30mg/L)，在平衡72h后，又分别回升到35.80mg/L(pH=5.5)、22.43mg/L(pH=7.0)和25.30mg/L(pH=8.5)。在中性溶液中(pH=7.0)，平衡24h，扑草净的溶解度高于在弱酸性(pH=5.5)和弱碱性(pH=8.5)溶液中，然而，在平衡48h和72h，结果却相反，扑草净在中性溶液中的溶解度是三个pH中最低的。结果表明，在中性溶液中，扑草净溶解度受尿素的影响比在弱酸性(pH=5.5)和弱碱性(pH=8.5)溶液中强。在不考虑溶液pH的情况下，如表2-2所示，在较低浓度的尿素溶液(500mg/L)中，需要更长的平衡时间(72h)才能显著降低扑草净的溶解度，较高浓度尿素溶液(1000mg/L)中(表2-3)，较短的平衡时间(48h)就能显著降低扑草净的溶解度。尿素对扑草净溶解度的影响受溶液pH、平衡时间和尿素浓度的影响，比尿素对TNT的影响更复杂，尿素能作为增溶剂提高香根草和小麦从水溶液中吸收TNT(Makris et al.，2007a；Makris et al.，2007b；Das et al.，2013)，而且尿素可以显著提高TNT在根毛区和溶液界面的溶解度，从而提高不同植物对溶液中TNT的去除，并且不受植物和TNT亲和力的影响(Makris et al.，2007a)。Das等(2010)研究表明，添加1000mg/kg尿素可以显著提高香根草(12d)对土壤中TNT(40mg/kg)的去除效率。

表2-3 添加1000mg/L尿素时，扑草净溶解度随平衡时间和pH的变化

平衡时间/h	pH		
	5.5	7.0	8.5
24	41.61±2.94[b]	46.48±3.89[a]	38.95±3.20[b]
48	21.15±3.06[e]	20.72±2.12[e]	22.14±1.02[e]
72	35.80±4.71b[c]	22.43±1.24[e]	25.30±0.70[d]

本书试图通过研究尿素对扑草净溶解度的影响来探究尿素是否能作为助溶剂提高香根草对水溶液中扑草净的去除作用。尿素如何改变扑草净的溶解度和相关规律还需要更深入的研究。

2.4 结　　论

本书研究揭示了在 PIPES 缓冲液中对扑草净溶解度影响的主要因素。在未添加尿素的情况下，扑草净溶解度受溶液 pH 和平衡时间的影响规律，即平衡 24h 和 48h 的平衡时间和溶液 pH(pH=5.5，pH=7.0，pH=8.5)对扑草净溶解度的影响均不显著($P>0.05$)，这与扑草净在中性或微酸、微碱介质中稳定这一说法相符(姜蕾，2011)。然而，平衡 72h 后，扑草净溶解度比同一 pH 下较短平衡时间极显著降低，并随 pH 的升高(pH=5.5，pH=7.0，pH=8.5)，扑草净溶解度显著降低($P<0.01$)。

在添加尿素情况下，扑草净溶解度的变化相对比较复杂。平衡 24h 后，扑草净的溶解度在弱酸性(pH=5.5)和弱碱性溶液中(pH=8.5)几乎不受尿素的影响。在中性溶液(pH=7.0)中，添加 500mg/L 的尿素对扑草净溶解度几乎没有影响，而加入 1000mg/L 的尿素可显著提高扑草净的溶解度($P<0.01$)。在平衡 48h 后，除了在弱酸性溶液中(pH=5.5)扑草净有显著上升外，添加 500mg/L 尿素对扑草净的溶解度几乎没有影响。然而，添加 1000mg/L 尿素，扑草净的溶解度极显著降低到约 23.0mg/L($P<0.01$)。

添加 500ml/L 的尿素，平衡 72h 后，随着溶液溶解度从 5.5 到 7.0 再到 8.5，扑草净的溶解度总体呈现出先下降而后上升的趋势。在中性溶液(pH=7.0)中，平衡 72h 后，扑草净的溶解度显著降低到约 23.0mg/L。可以推断，添加 500ml/L 的尿素，扑草净受溶液 pH 的影响取决于平衡时间，平衡 24h 和 48h，溶液酸碱度对扑草净的溶解度没有显著影响。

添加 1000mg/L 的尿素，扑草净的溶解度受平衡时间的影响极显著($P<0.01$)。平衡 48h 后，扑草净的溶解度下降到最低，三种 pH 溶液中，扑草净的溶解度的平均值约为 21.30mg/L，而平衡 72h 后升高。结果表明，扑草净溶解度受尿素的影响取决于添加尿素的浓度和平衡时间，并受溶液酸碱度的影响。

第3章 扑草净在水溶液和香根草中的提取和测定方法研究

3.1 引 言

近年来，环境中扑草净的残留分析方法已见报道，如用生物传感器(Frias et al.，2004；Touloupakis et al.，2005)、毛细管电泳(Frias et al.，2004)、固相萃取气相色谱(SPE-GC)(Mendaš et al.，2000)、气质联用(杨云等，2004)等分析方法检测水样、人尿、土壤、蔬菜等介质中扑草净的残留量。用高效液相色谱(HPLC)分析环境中扑草净残留过去报道较少(Cháfer-Pericás et al.，2004)。曹军等(2007)建立了高效液相色谱(HPLC)法测定环境中土壤、水和小麦中除草剂扑草净残留。Zhou 等(2009)建立了用浊点萃取 HPLC 法(Quérou et al.，1998)，Tan 等(2013)建立了用 HPLC 法测定水和土壤中的扑草净残留。刘栋等(2013)建立了用凝胶渗透色谱净化－高效液相色谱－串联质谱分析贝类等复杂样品中扑草净残留的方法。《进出口食品中扑草净残留量检测方法 气相色谱－质谱法》(SN/T1968—2007)，规定了食品中扑草净残留量检测的制样和气相色谱－质谱的检测方法，常用于大米、花生、胡萝卜、西兰花、西红柿、洋葱、蘑菇、苹果、柑橘、板栗、鸡肉、牛肉、鸡肾、紫菜等农产品中扑草净残留检测。氮化学法光检测器(NCD)是一种配气相色谱仪使用，用来检测含氮化合物的检测器(Chen et al.，2007)。其原理是：当样品被引入高温裂解炉后，含氮化合物在1000℃左右经氧化裂解，氮化物定量地转化为一氧化氮($R\text{-}N+O_2 \rightarrow CO_2+H_2O+NO$)，反应气由载气携带经膜式干燥器脱水后，进入反应室。在反应室中，一氧化氮与来自臭氧发生器的臭氧(O_3)发生反应($NO+O_3 \rightarrow NO_2{*} \rightarrow NO_2+hv$(800～3200nm)(Yan，1999；Yan，2002)，部分一氧化氮转化为激发态的二氧化氮($NO_2{*}$)，当 $NO_2{*}$ 从激发态跃迁到基态时发射出光子，光电子信号由光电倍增管接收，再经放大器放大、计算机数据处理，即可以转换为与光强度成正比的电信号。在一定条件下，反应中产生的发光强度与一氧化氮的生成量成正比，一氧化氮的量又与样品中的总氮含量成正比(Ohta et al.，1991；Ozel et al.，2010)，故可以通过测定荧光强度来测定样品中的总氮含量。分析样品前，先用与样品相接近的标样制作标样校正曲线，在相同条件下再分析样品，程序自动依据标样校正曲线计算出样品的氮含量。氮化学发光检测器可以检测样品中的化合物而不受同一基质中结构类似化合物的干扰，另外，还可以检测有机含氮化合物、氨、联氨、氰化氢、一氧化氮和其他氮氧化合物，并可以通过色谱分析法来测定。

扑草净是均三氮苯类选择性除草剂，化学名称为2－甲硫基－4,6二(异丙胺基)－1,3,5－三氮苯，由于其结构中含有氮原子，扑草净在水和植物中的分析测定方法有多种，通过色谱法进行具体元素检测是化学分析中的一个关键途径，氮磷检测器对含氮和含磷化合物有较高的选择性和灵敏度，但维护成本较高(Yan，2002；任丽萍等，2004)。氮化学发光检测器是一种用于检测有机氮化合物的选择性检测器(Pavlova et al.，2009)，具有强大的检测功能，其检测原理于1977年获得专利(Robert et al.，1977)，氮化学发光检测器最初被用于气相色谱(Zhou et al.，2007；Yu et al.，2013)，然后又被用于高效液相色谱(HPLC)(Ohta et al.，1991；Fujinari et al.，1992；Fujinari et al.，1994；Tomkins et al.，1995；Fujinari et al.，1996；Robert et al.，1977；Robbat et al.，1988；Brannegan et al.，2001)和超临界流体色谱(SFC)(Shi et al.，1997；Shi et al.，1996；Combs et al.，1997)。推测其可以用氮化学发光检测器来测定含量，由于用氮化学发光检测器测定扑草净还未见任何报道，因此，本书结合试验对象，参考水和植物中扑草净的提取方法，然后结合扑草净用其他气相色谱法测定的参数，摸索用氮化学发光检测器来测定水溶液和香根草根和叶中提取的扑草净，并再次通过液相色谱验证。

气相色谱－氮化学发光检测技术早期用于分析环境中的样品，然而很少被用于分析含氮农药。本书研究的目标是用气相色谱仪配氮化学发光检测器来验证检测从香根草和水中提取的三氮苯类除草剂扑草净(在没有其他三氮苯类除草剂干扰的情况下)的可行性，并用液相色谱法验证，拟建立的分析方法将对下一步从植物的水基质中提取的扑草净的测定有重要意义，另外，也对下一步用氮化学发光检测器配气相色谱仪在分析环境中的痕量扑草净的应用奠定基础。

3.2 材料与方法

3.2.1 溶剂和标准品

正己烷、乙酸乙酯、乙腈和甲醇(HPLC级)购于默克公司。扑草净标准品由云南出入境检验检疫局烟草检测重点实验室提供，超纯水由“Ultra-Clear”水处理设备而得，除了特别指定的外，其他所有有机溶剂均为分析纯。扑草净储备液用10mg扑草净标准品粉末溶解到50mL容量瓶中，得到浓度为200μg/mL的扑草净标准储备液。混标溶液为八组分的混标，组分为莠灭净(ametryn)、莠去津(atrazine)、扑草净(prometryn.)、扑灭津(propazine)、西玛津(simazine)、特丁津(terbuthylazine)、特丁草净(terbutryn)、草达津(trietazine)，溶剂为丙酮，型号：Pesticide-Mix68，XA18000068AC，购于德国默克公司。

3.2.2 仪器设备和相关测定参数

气相色谱仪(Agilent 7890A，USA)配氮化学发光检测器(NCD)(Agilent 255，USA)，NCD 与双等离子体控制器上，进样器是安捷伦自动进样器(Agilent 7683B，G2614A，USA)，色谱柱型号：30m×0.32mm I.D×0.25μm HP－5MS(Agilent Technology 19019J－413，USA)，用于在200℃时分析和分离样品。色谱柱中载气为氮气，流速为1.0mL/min，隔垫吹扫流速为5.0mL/min。尾吹气体流速为60mL/min，进样温度为280℃，电位计打开，进样量为2.0μl，分流进样，分流比为2∶1。化学发光检测器中，裂解温度为1018℃，氢气流速为 5.5mL/min，氧气流速为 10.0mL/min。Chromato Solution Light Chemstation 软件用来获得和处理气相色谱仪中的色谱图和色谱数据。高效液相色谱(Agilent 1200 Series，USA)配光电二极管阵列检测器(photo-diode array detector，PAD)，安捷伦自动进样器(Agilent PM 355－048－HPKZ)，色谱柱为 Eclipse XDB-C18(Agilent 993967－902 250mm×4.6mm ID，5μm particle)，PDA 检测波长为220 nm。

流动相由甲醇和水组成，体积比为70∶30，流速1mL/min，每个样品总洗脱时间为20min。真空水循环系统(SHZ-DⅢ，Henan，China)配旋转蒸发仪(EYELA，N－1001)用于浓缩提取液(水温为50℃)，超声清洗机(Luio-AT，Suzhou，China)用于提取香根草根和叶中的扑草净。

3.2.3 样品准备

香根草植株由云南中稽原创科技有限公司提供，香根草成熟植株被直接植入内包有塑料膜的塑料筐内，框内装有溶解有水溶肥的水溶液，液面不超过塑料筐的50%，按设定浓度添加扑草净，使溶液中扑草净的浓度为2.5mg/L。

对照(未添加扑草净)的其他管理条件和处理一致。所有处理设三个重复，香根草的根和叶在第10天采样，采样后，根样品直接用去离子水冲洗，然后用滤纸吸去表面水分，根和叶的样品用剪刀剪成2～3mm的碎片后，用如下的方法提取。

将约(2.0±0.05)g 剪碎的根或叶样品，转移到100mL 锥形瓶中。加入40mL 乙腈和少量无水硫酸钠，盖上盖子后，放入超声清洗机中超声40min。然后将提取液过滤到250mL 平底烧瓶中，保证植物样品都在锥形瓶中，再用20mL 乙腈重复提取40min，提取液再次转入对应的平底烧瓶，用乙腈冲洗锥形瓶3次。过滤后的提取液转如旋蒸瓶，在50℃水浴条件下旋蒸蒸发至近干，然后用3.0mL

的正己烷溶解，用 0.45μm 的有机相滤膜过滤后转入 1.5mL 的安捷伦进样瓶，待测。水样和植株样品同时采样，水样采回后，用医用棉花过滤，取 50mL 过滤后的样品，加入 50mL 乙酸乙酯，放入分液漏斗，摇匀后静置。两种液体分层后，分离水溶液部分，以同样方法重复提取一次。乙酸乙酯层转入蒸发瓶，用旋转蒸发仪在 50℃ 水浴条件下旋转蒸发至近干，用 3.0mL 的正己烷溶解，用 0.45μm 的有机相滤膜过滤后转入 1.5mL 的安捷伦进样瓶，待测。

3.3　结果与分析

3.3.1　扑草净的标准曲线

用正己烷溶解扑草净标准品，用 10mL 容量瓶定容，配制成 200μg/mL 的标准储备液，用储备液逐级稀释配制成 0.0μg/mL、0.2μg/mL、0.4μg/mL、2.0μg/mL 和 4.0μg/mL 浓度的作为香根草叶片中的标准曲线。逐级稀释成 0.0μg/mL、5.0μg/mL、10.0μg/mL、20.0μg/mL、30.0μg/mL 和 40.0μg/mL 浓度的作为香根草根系和水溶液的标准曲线。标准曲线的测定用之前优化好的色谱条件分析测定，标准曲线的横坐标（x 轴）为配制的浓度，纵坐标（y 轴）为相应的峰面积，如图 3-1所示，香根草叶片标准曲线的回归方程为：area＝382.84×amt＋4.53，相关系数 R^2＝0.99997，是非常好的线性回归关系。香根草根和叶的标准曲线回归方程为 area＝887.14×amt－65.90，相关系数 R^2＝0.99998，也是非常好的线性回归关系，如图 3-2 所示。所建立方法的检测限，用基质空白所产生的仪器背景

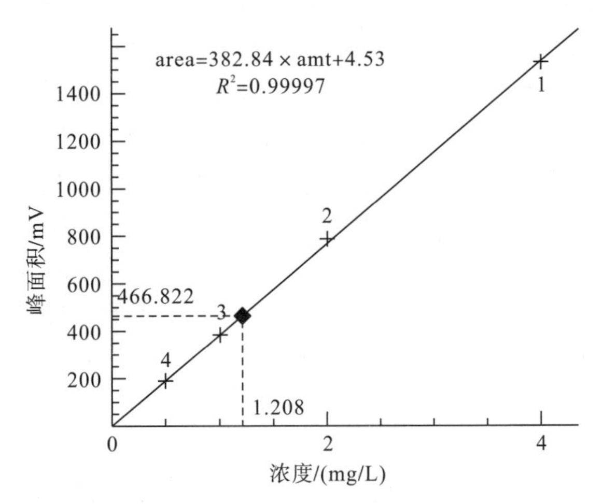

图 3-1　香根草叶片中扑草净测定标准曲线

（0.0mg/L、0.2mg/L、0.4mg/L、2.0mg/L 和 4.0mg/L）

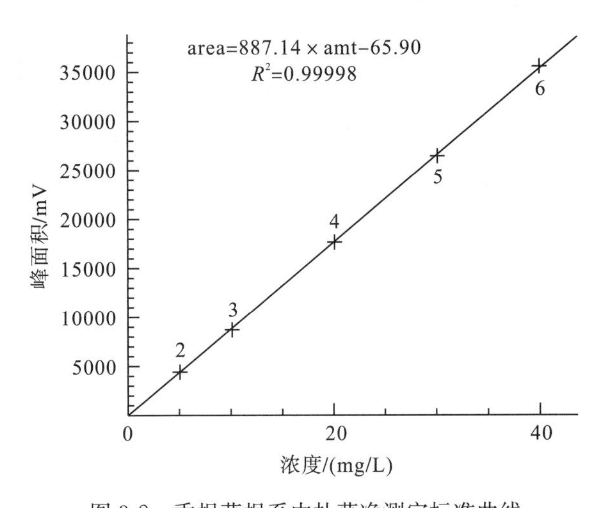

图 3-2　香根草根系中扑草净测定标准曲线
(0.0mg/L、5.0mg/L、10.0mg/L、20.0mg/L、30.0mg/L 和 40.0mg/L)

信号的 3 倍值的相应量计算。该方法的检测限为 0.02μg/mL，定量限为基质空白噪音信号的 10 倍计算，定量限为 0.06μg/mL。扑草净在香根草叶片中的提取液的浓度范围为 0.1～4.0μg/mL，在香根草根系和水溶液中的提取液的浓度范围为 2.0～40.0μg/mL，均在相应的标准曲线线性范围内。在对照(为添加扑草净)样品中，在扑草净保留时间以及附近没有检测到扑草净的色谱峰。

第一个标准系列溶液用以上提到的高效液相色谱(HPLC)法测定，得到标准曲线回归方程：area＝88.52×amt－1.96，相关系数 R^2＝0.99993。样品中的提取液被分别装到两个进样瓶，一份用于气相色谱法测定，另外一份用于液相色谱法测定。同一处理的样品，用气相色谱法(GC-NCD)测定的样品，三个重复的平均值为 1.39mg/L，和用液相色谱法(HPLC-PAD)测定的平均值(1.37mg/L) 90%接近。在水中和香根草根草中提取的扑草净样品，用高效液相色谱法测定的色谱图如图 3-3 和图 3-4 所示，而用气相色谱法(GC-NCD 测定的水提取样品和香根草根提取样品的色谱图如图 3-5 和图 3-6 所示，从色谱峰的峰型、峰高和与溶剂峰的对比来看，气相色谱法对扑草净的反应优于液相色谱法。尤其从图 3-3 和图 3-5 来看，同一样品，扑草净含量相同，用高效液相色谱测定，扑草净的色谱峰峰高远远低于溶剂峰和其他杂质峰(图 3-3)，用气相色谱法测定，扑草净的色谱峰峰高却远远高于溶剂峰和其他杂质峰(图 3-5)，说明 GC-NCD 对扑草净的响应印证了 NCD 的原理，NCD 对扑草净线性响应。

为了验证在有扑草净同类三氮苯类除草剂共存情况下，本方法是否能将同族的农药分开，选择了含有 8 种三氮苯类除草剂的混标，其中包含：西玛津、阿特拉津、扑灭津、特丁津、草达津、秀灭净、扑草净、去草净 8 种，用该方法处理

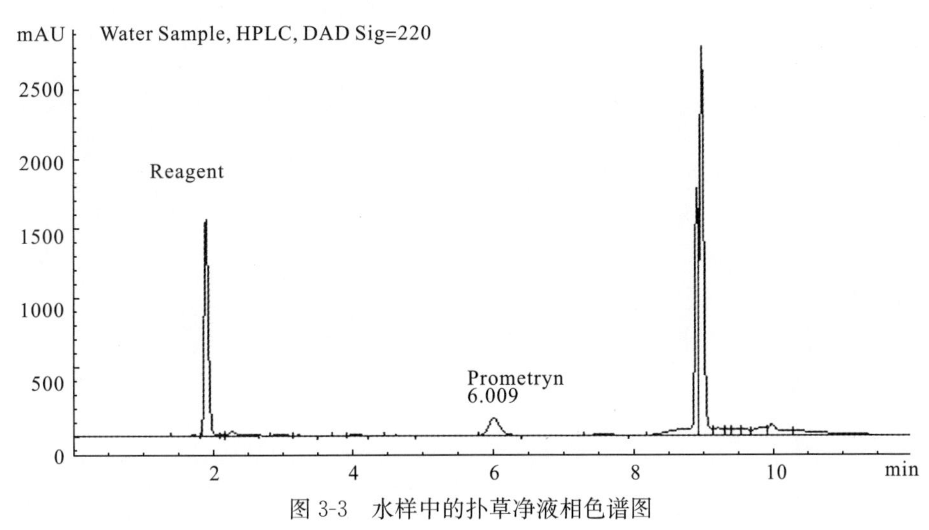

图 3-3　水样中的扑草净液相色谱图

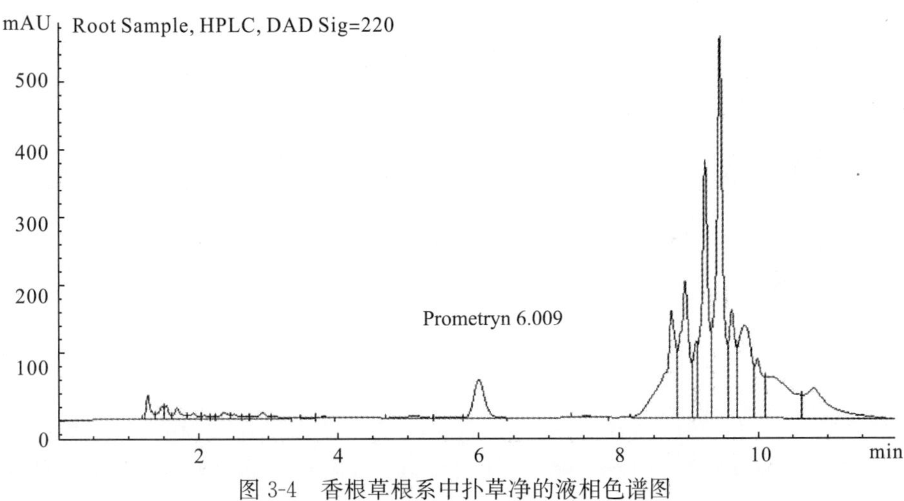

图 3-4　香根草根系中扑草净的液相色谱图

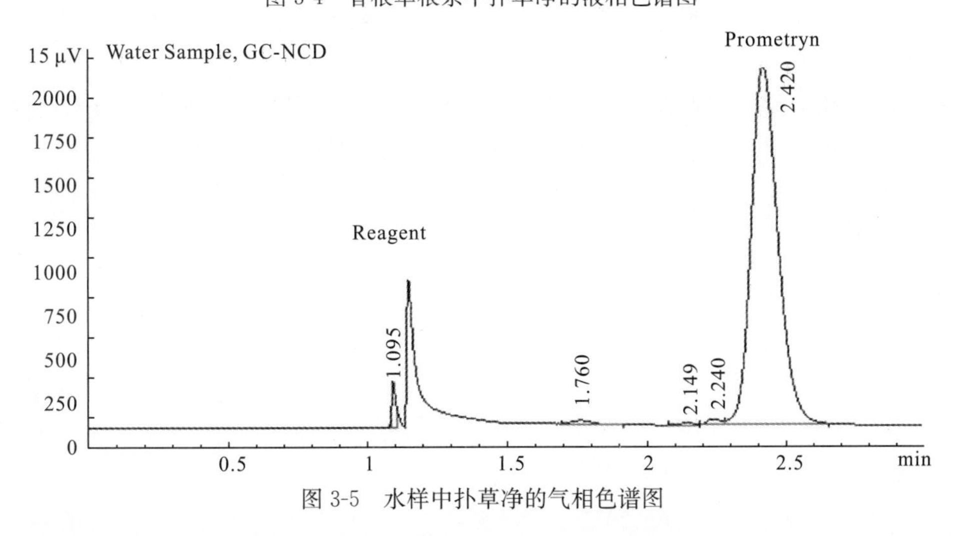

图 3-5　水样中扑草净的气相色谱图

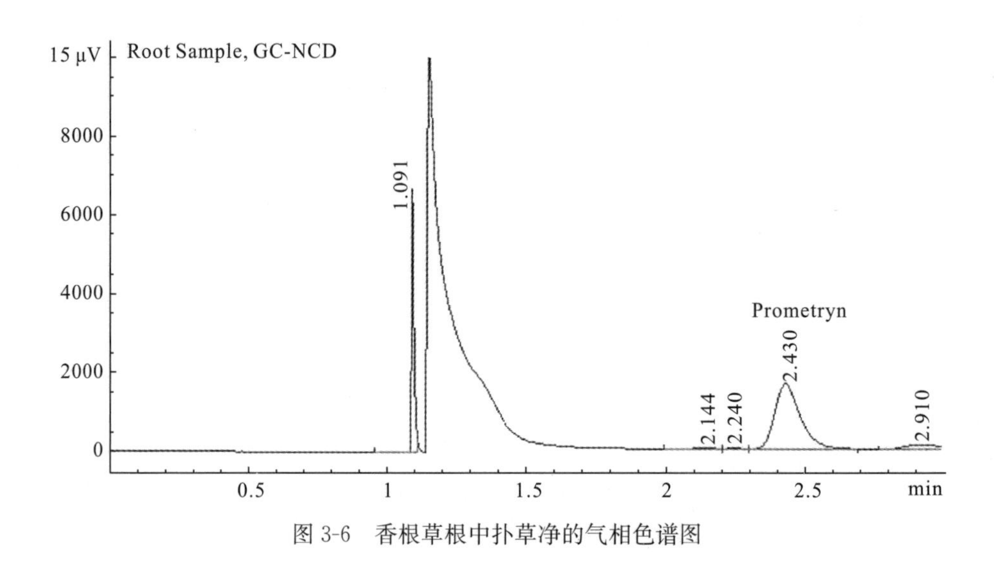

图 3-6 香根草根中扑草净的气相色谱图

后，色谱图如图 3-7 所示，其中前物种津类除草剂的峰不能分开，保留时间为 2.445min，后三种净类除草剂的峰也不能相互分开，保留时间为 2.545min，且两种类型除草剂的峰首尾相连，不能完全分开。因此，通过改变色谱相应参数，设定程序升温，能够把同族除草剂分开。采用程序升温Ⅰ，50℃为起始温度，以 5℃/min 的速度升至 180℃，保持 5min，然后再以 5℃/min 的速度升至 250℃，保持 6min，获得色谱图(图 3-8)，混标中 8 种农药莠去津、西玛津、扑灭津、特丁津、草达津、莠灭津、扑草净和特丁草净的保留时间分别为 29.833min、29.992min、30.111min、30.349min、30.470min、33.492min、33.709min 和 34.355min，且各个峰之间能够完全分开。再次调整程序升温为Ⅱ：50℃为起始温度，以 4℃/min 的速度升至 180℃，保持 5min，然后再以 4℃/min 的速度升至 250℃，保持 8min，获得的色谱图如图 3-9 所示，8 种除草剂混标的保留时间分别为 34.500min、34.729min、34.912min、35.211min、35.354min、38.737min、39.030min 和 39.625min，说明在存在同类除草剂干扰的情况下，完全可以采用改变程序升温将其分开。例如，采用程序升温，以 6℃/min 的速度，从 80℃升至 188 ℃，再以 15℃/min 的速度，升至 270℃，保持 5min，这个方法适用于玉米商品检验中各种不同三氮苯类除草剂的同时测定。

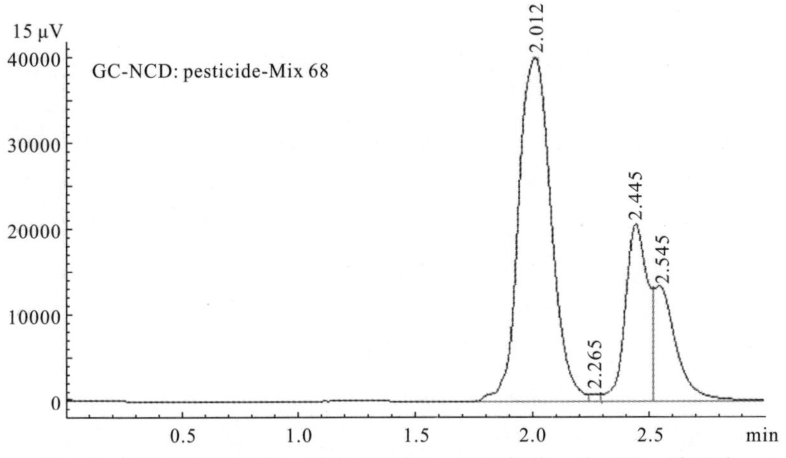

图 3-7　不使用程序升温，混标(西玛津、阿特拉津、扑灭津、特丁津、草达津、秀灭净、扑草净、去草净各 5mg/L)的气相色谱图

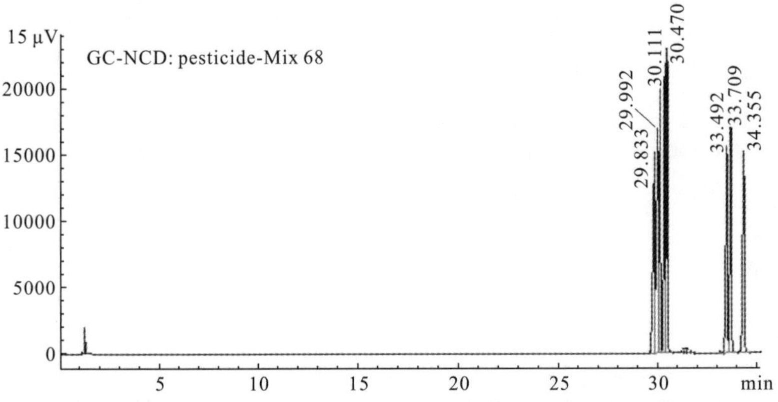

图 3-8　使用程序升温Ⅰ，混标(5 mg/L 西玛津、阿特拉津、扑灭津、特丁津、草达津、秀灭净、扑草净、去草净)的气相色谱图

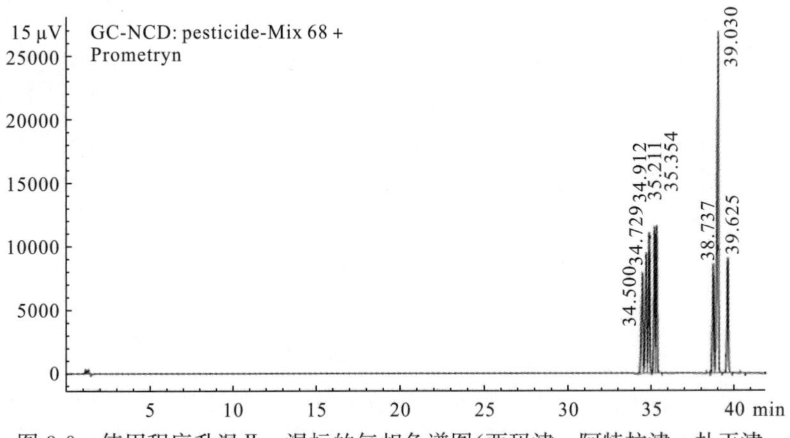

图 3-9　使用程序升温Ⅱ，混标的气相色谱图(西玛津、阿特拉津、扑灭津、特丁津、草达津、秀灭净、扑草净、去草净混标，加扑草净)

3.3.2 NCD 对扑草净响应的条件优化

本书研究的目标是验证用气相色谱仪配氮化学发光检测器测定从香根草和水中提取的三氮苯类除草剂扑草净(在没有其他三氮苯类除草剂干扰的情况下)的可行性，在裂解温度为 900℃时，在色谱峰的周围有许多未知化合物的峰干扰，很难辨认出目标物扑草净的色谱峰。然而，裂解温度提高到 1018℃时，在扑草净色谱峰周围没有干扰峰，因此，1018℃被选定用于进一步分析的裂解温度，这与 NCD 原理中的裂解温度 1000℃左右相符(Yan，1999；Yan，2002)。进样模式-分流进样和不分流进样进行样品分析比较优化，结果表明，在分流比为 2∶1 的分流进样的色谱峰的峰型和分辨率好于不分流进样的峰型和分辨率。从以上的参数优化结果可知，1018℃被选为裂解温度，2∶1 分流比的分流进样模式用于进一步的样品分析，在有其他同类均三氮苯类农药潜在影响的情况下，可以用程序升温模式将其分开。为了验证同类除草剂的干扰，用八组分的混标：莠灭净、莠去津、扑草净、扑灭津、西玛津、特丁津、特丁草净、草达津，溶剂为丙酮，试用如何将 8 个组分分开。例如以上 8 个组分用上述的方法测定(图 3-7)，结果表明，不用程序升温，不能将八组分的色谱峰分开，津类有相似结构的西玛津、莠去津、扑灭津、特丁津、草达津 5 个除草剂的保留时间为 2.012min，相互之间不能分开，莠灭净和扑草净的保留时间为 2.445min，特丁草净的保留时间为 2.545min，三者相互之间不能分开。

为了将其分开，尝试用不同起始温度，保留时间和终点温度的两个程序升温，以 50℃为起始温度，以 4℃/min 的速率升高到 180℃，保持 5min，然后以 5℃/min 的速率升至 250℃，保持 6min，西玛津、莠去津、扑灭津、特丁津、草达津、莠灭净、扑草净和特丁草净的保留时间分别是：29.833min、29.992min、30.111min、30.349min、30.470min、33.492min、33.709min、34.355min，能够完全分开(图 3-8)。混合标准溶液(pesticide-mix 68)的各组分保留时间根据升温升序的改变而平移。以 50℃为起始温度，以 4℃/min 的速率升高到 180℃，保持 5min，然后以 4℃/min 的速率升至 250℃，保持 8min，三者之间也得到了较好的分离，如图 3-9 所示。8 种农药的顺序不变，保留时间为：34.500min、34.729min、34.912min、35.211min、35.354min、38.737min、39.030min 和 39.625min。在保留时间为 39.030min 的色谱峰明显高于其他色谱峰，是因为在混标溶液中加了扑草净标准品，其他 7 个组分的浓度均为2.5mg/L，而扑草净的浓度为 3.7mg/L。在本试验中，控制了香根草生长的环境，没有其他除草剂干扰的可能性，香根草生长的水溶解中溶解有含氮的水溶肥(氮磷钾比例为 2∶0∶20∶20)，测定结果通过与未添加扑草净的对照相比，水样未受到水肥溶液中氮素的影响，植株样品中也未受到植物中含氮物质的影响。以上混标的程序升温测定结果表明，在有潜在同类结构相似除草剂影响的情况下，可以用以上程序升温将其分开。在玉米三氮苯类除草剂的较大范围同时进行的商业检测中，以初始温度 80℃，以 6℃/min 升温至 188℃，然后又以 15℃/min 的速率升温至 270℃，保持 5min(Zhang et al.，2006)。

3.3.3　方法的准确度与精密度

不同体积的标准溶液储备液添加到空白香根草根提取液和叶提取液中，制成空白基质的扑草净系列浓度溶液，根和叶中浓度分别为 0.75mg/kg，3mg/kg 和 6mg/kg，水中分别为 0.8mg/L、6mg/L 和 10mg/L 扑草净浓度，每个处理的各浓度用以上方法重复提取和测定三次。

香根草叶片的添加回收率为 89.6%～107%，相对标准偏差(relative standard deviation，RSD)为 0.10%～3.30%，如表 3-1 所示，香根草根中的添加回收率为 88.7%～106%，相对标准偏差为 2.21%～3.22%。水样中的添加回收率为 81.5%～105.6%，相对标准偏差为 0.67%～2.58%。

表 3-1　扑草净在水、香根草根和茎叶中的残留回收率

(样品) Sample	添加浓度/(mg/kg)或(mg/L)	添加回收率/%			回收率平均值/%	RSD/%
		1	2	3		
香根草叶	0.75	107.22	97.05	105.65	103.31	1.82
	3	92.18	89.56	95.34	92.60	0.10
	6	104.72	94.97	93.73	97.81	3.30
香根草根	0.75	98.43	95.10	88.67	94.07	2.21
	3	105.84	94.19	97.04	99.02	3.22

3.4　结　　论

本章建立了用气相色谱仪配氮化学发光检测器测定扑草净的方法，该方法可在较高灵敏度的环境中检测扑草净，且该方法功能强大。在没有其他同类结构相似的除草剂干扰的情况下，从香根草根、叶片中和水中，用常规的提取方法提取扑草净，不需要净化处理，用 GC-NCD 测定。在不同基质中，该方法的添加回收率为 81.5%～107.0%，相对标准偏差为 0.10%～3.30%。该方法的检测限为 0.02μg/mL，定量限为 0.06μg/mL。根据本书研究的发现，所建立的 GC-NCD 方法，在没有其他三氮苯类除草剂干扰的情况下，可以用于测定植物和水中提取的痕量扑草净含量，在有其他三氮苯类除草剂干扰的情况下，可用程序升温将同类除草剂分开，说明 GC-NCD 在分析环境中的痕量含氮农药方面有巨大潜力，这也是本书研究的一个新突破，首次用 NCD 检测器建立了测定扑草净的方法。

第4章　香根草对水溶液中扑草净的吸收动态研究

4.1　引　　言

扑草净是一种硫取代三氮苯类选择性除草剂，登记用于控制一年生杂草和阔叶杂草，广泛用于不同作物，包括小麦、棉花、水稻和蔬菜等。扑草净引入市场已经40多年了，并于20世纪70年代起开始用于水产养殖中去除藻类和青苔等(Zhou et al.，2009b)，扑草净在中国(Zhou et al.，2009a；Zhou et al.，2012)、美国、加拿大、新西兰和南非被广泛运用(Kiely et al.，2004；Stone et al.，2014)。

农药是一种重要的污染物，在农业密集区，可通过农业径流排放到受纳水体，从而污染水生态环境。根据Stone等(2014)对水体污染进行普查结果，从1992到2001年，在许多农业、城市、水陆混合用地排放农业径流的河流和小溪里，都检测到农药超过水生动植物可承受的标准，总的来说，所有被评估的流域，都有一种或者多种农药浓度超过人类健康标准。先前，美国地质调查研究表明，99%的河流至少被一种农药污染，70%的河流被5种或者多种农药污染(Gilliom et al.，2001)。三嗪类化合物已经被研究证明是一种致癌、内分泌干扰物质，对人类、动物和水生生物的毒害性极大(李宏园等，2006)，扑草净作为三嗪类除草剂的一种，也是一种环境内分泌干扰物，可导致内分泌系统、生殖系统、神经系统和免疫系统功能障碍(Shi et al.，1996；张广举，2008；Shi et al.，2014a；Shi et al.，2014b)，导致蛋白质结构改变(Wang et al.，2014)，最终引起人类癌症、不育或出生缺陷(Bogialli et al.，2006；董丽娴等，2006；Ma et al.，2010；Bonora et al.，2013；周际海等，2013；Điki ć，2014；Kegley S，2014)。而且，由于扑草净的化学稳定性和生物毒性，可能对水生植物和浮游植物的生存造成严重威胁，对水生生物产生不同毒性效应。扑草净可能通过微生物降解产生一系列有潜在毒性的代谢产物，这些代谢产物可能通过食物链和食物网对水生生态系统产生较大的影响(Ma et al.，2010；Bonora et al.，2013；张骞月等，2014)。由于对生态环境、水生生物等的潜在危险，扑草净于2004年1月1日被欧盟禁止使用和销售(李庆鹏等，2014)。自2004年1月1日起，欧盟禁止扑草净在欧盟销售和使用(章强华，2003；刘晔丽，2004)，对植物、动物类食品均未设最大残留限量(MRL)标准。美国把扑草净用做除草剂，制定了朝鲜蓟、胡萝卜、根芹(黄丽华等，2006)、根芹(颈)、芹菜、香菜(干)等共19种植物类食品中扑草净MRL标准，其值为0.05～9mg/kg。在美国，扑草净被禁止直接使用于水体中，或者离地表水近的区域及潮间带(Chen et al.，2013)，2013年，美国环境保护局实施了新的扑草净残留标准，对食荚菜豆、莳萝油、新鲜莳萝叶和干莳萝叶中的扑草净最高残留限量实行了新的限量标准(USEPA，2013)。任传博等(2013)对渤海某海域60个站位的海水样品进行采样分析，阿特拉津、扑草净、莠灭净的检出率为100%，取其中10个站位的测定结果，其中扑草净的检测结果分别为2.58ng/L、0.44ng/L、4.16ng/L、2.60ng/L、10.58ng/L、1.22ng/L、3.06ng/L、4.44ng/L、4.08ng/L和6.38ng/L，其测定结果相比之下，检出的扑草净的含量低于阿特拉津和莠灭净的检出量。扑草净在水中和土壤中残留期长，也被发现在使用和生产区域周围的空气中，甚至零星分布在雨水样品中(Wang et al.,2014a)。在捷克的湖水中，扑草净被检测到含量高达0.51μg/L(Stara et al.,2013)，在希腊的地表水中为0.91～4.40μg/L，地下水中为1μg/L(Vryzas et al.，2011)。一份在北希腊的河流和湖泊中的农药检测研究表明，扑草净是最常见的被检出农药中的一种，其估计风险熵屡次超过对人类和生态风险的可接受值(Papadakis et al.，2015)。扑草净在中国出口到日本的水产品中，包括鱼、贝类、虾、牡蛎等中，均被检出残留频频超过日本对水产品的限量标准(0.01mg/kg)(陈溪等，2013)，为此，日本加强了对我国贝类产品的检查，这对中国对日本出口水产品的贸易造成了严重的负面影响(李庆鹏等，2014)。

植物修复作为一种低成本、环境友好型生物技术，被广泛用于治理环境中的农药污染(Marcacci et al.，2006a)。香根草是一种水陆两栖的植物，一旦建植成功后不受干旱或者水涝的影响(Dalton et al.，1996)。香根草由于具有巨大的生物量、较长的根系而被广泛运用于水土保持中。香根草还对有机和无机化合物具有较高的亲和力。例如，香根草能成功去除多环芳烃(polycyclic aromatic hydrocarbons，PAH)(Paquin et al.，2002)、三硝基甲苯(Makris et al.，2007a)、阿特拉津(Marcacci et al.，2006)和四环素(Datta et al.，2011)，还有重金属，包括As，Zn，Cu(Chiu et al.，2005)和Pb(Andra et al.，2009)。根据以上研究结果，推断香根草可以吸收和去除水介质中的扑草净。本书的目标是研究香根草吸收和去除水介质中扑草净的动态规律。

4.2　材料和方法

4.2.1　试验设计与材料

香根草植株由云南中稽远创科技有限公司提供，香根草成熟植株被直接植入内包有塑料膜的塑料筐内，每个框内种植 4 株，共(1.20±0.05)kg，框内装有溶解有水溶肥(N∶P∶K 为 20∶20∶20，由昆明布谷鸟农资公司提供)的水溶液，液面不超过塑料筐的 50%，按设定浓度添加扑草净(50%为可湿性粉剂，由昆明农药厂提供)，使溶液中扑草净的浓度为(2.50±0.01)mg/L。对照 1(未添加扑草净，种植香根草)和对照 2(添加扑草净，未种植香根草)的其他管理条件和处理一致。所有处理设三个重复。在实验期间，在采样时分别对框内的溶液进行电导率和溶液 pH 的测定，溶液 pH 保持在 5.5~8.5。香根草样品和水样分别于施入扑草净后的第 3 天、第 8 天、第 14 天、第 20 天、第 30 天、第 36 天、第 52 天和第 67 天进行采集。采样后，根样品直接用去离子水冲洗，然后用滤纸吸去表面水分，根和叶的样品用剪刀剪成 2~3mm 的碎片后用第 3 章建立的提取方法提取(曹军等，2007；沈伟健等，2008)，用第 3 章建立的气相色谱仪-氮化学发光检测器(GC-NCD)法测定(Sun et al.，2015)。

4.2.2 样品的提取

将约(2.0±0.05)g 剪碎的根或叶样品转移到 100mL 锥形瓶中。加入 40mL 乙腈和少量无水硫酸钠，盖上盖子后，放入超声清洗机(Luio-AT，Suzhou，China)中超声提取 40min。然后将提取液过滤到 250mL 平底烧瓶，保证植物样品都在锥形瓶中。再用 20mL 乙腈重复提取 40min，提取液再次转入对应的平底烧瓶中，用乙腈冲洗锥形瓶 3 次。过滤后的提取液转入旋蒸瓶，在 50℃水浴条件下旋蒸蒸发至近干，然后用 3.0mL 的正己烷溶解，用 0.45μm 的有机相滤膜过滤后转入 1.5mL 的安捷伦进样瓶，待测。水样和植株样品同时采样。采水样前，先把液面用自来水补充到初始液面，保证溶液的量不变，用玻璃棒轻轻搅动均匀后采水样。水样采回后，用医用棉过滤，取 50mL 过滤后的样品，加入 50mL 乙酸乙酯，放入分液漏斗，摇匀后静置。两种液体分层后，分离水溶液部分，以同样方法重复提取一次。乙酸乙酯层转入蒸发瓶，用旋转蒸发仪在 50℃水浴条件下旋转蒸发至近干，用 3.0mL 的正己烷溶解，用 0.45μm 的有机相滤膜过滤后转入 1.5mL 的安捷伦进样瓶，待测。

4.2.3 溶剂和标准品

正己烷、乙酸乙酯、乙腈和甲醇(HPLC 级)购于默克公司。扑草净标准品由云南出入口检验检疫局烟草检测重点实验室提供，超纯水由“Ultra-Clear”水处理设备得到，除了特别指定外，其他所有有机溶剂均为分析纯。扑草净储备液用 10mg 扑草净标准品粉末溶解到 50mL 容量瓶中，得到浓度为 200mg/L 的扑草净标准储备液。混标溶液为八组分的混标，组分为莠灭净、莠去津、扑草净、扑灭津、西玛津、特丁津、特丁草净、草达津，溶剂为丙酮，型号：Pesticide-Mix68，XA18000068AC，购于德国默克公司。

4.2.4 仪器设备和相关测定参数

气相色谱仪(Agilent 7890A，USA)配氮化学发光检测器(NCD)(Agilent 255，USA)，NCD 与双等离子体控制器上，进样器是安捷伦自动进样器(Agilent 7683B，G2614A，USA)，色谱柱是型号：30m×0.32mm I.D×0.25μm HP－5MS(Agilent Technology 19019J－413，USA)，用于在 200℃时分析和分离样品。色谱柱中载气为氮气，流速为 1.0mL/min，中隔清除时流速为 5.0mL/min。尾吹气体流速为 60mL/min，进样温度为 280℃，电位计打开，进样量为 2.0μL，分流进样，分流比为 2∶1。化学发光检测器中，裂解温度为 1018℃，氢气流速为 5.5mL/min，氧气流速为 0.0mL/min。Chromato Solution Light Chemstation 软件用来获得和处理气相色谱仪中的色谱图和色谱数据。

4.3 结果与分析

4.3.1 香根草植物样品中扑草净含量动态变化

香根草根中的扑草净的残留动态如图 4-1 和表 4-1 所示，叶片组织中的扑草净含量如图 4-2 和表 4-1 所示。溶液中未添加扑草净的对照处理中，香根草的根和叶片均没有检出扑草净。结果表明，香根草能够从根系将溶液中的扑草净吸收，然后从根系转移到香根草的叶片中。然而，香根草叶片中的扑草净含量却远远低于根系中的含量。

如图 4-1 所示，在施入扑草净的第 8 天，观察到扑草净出现较高的吸收值，而后，在第 8 天至第 20 天出现较小的下降之后，根系中的扑草净含量又稳步提高。在第 8 天至第 14 天，香根草叶片中扑草净含量快速提高，并且在第 14 天观察到各个峰值(图 4-2)，说明在此期间，根系中吸收的扑草净快速从根中转移到叶片中。扑草净在香根草根中的第二个峰值在第 30 天，其后，叶片中的扑草净第二个较小的峰值在第 30 天和第 40 天。正如预期的一样，在扑草净的叶片中的残留峰值(图 4-2)与根系中的残留峰值(图 4-1)刚好有一个时间延迟。在水溶液中的扑草净浓度动态如表 4-1 所示，扑草净在植物中的吸收动态和残留在溶液中的动态表明，扑草净在香根草内的最高吸收从第 8 天开始，吸收峰值在第 14 天。在第 36 天之后，扑草净浓度在溶液中、香根草根系中和叶片中都缓慢降低。

如表 4-1 所示，扑草净在香根草体内的转移系数(TF=叶片中扑草净的浓度/

根中扑草净的浓度)从第 3 天的 0.03 提高到第 67 天的 0.11，在两个较高点，第 14 天的转移系数为 0.08 和第 36 天的转移系数为 0.09。从转移系数来看，仅仅 10%左右的扑草净从根系转移到叶片中，然而，如果考虑到香根草的叶片生物量和根系生物量，在初始时测得香根草总生物量为 1.20kg 左右，而叶片总量约为 0.9kg，根系总生物量约为 0.3kg，以此推算，根系中吸收的农药总量被转移到叶片中的量是可观的。如图 4-3 所示，营养液中的扑草净含量随时间推移，比未种植香根草的对照来说，扑草净浓度持续减少。

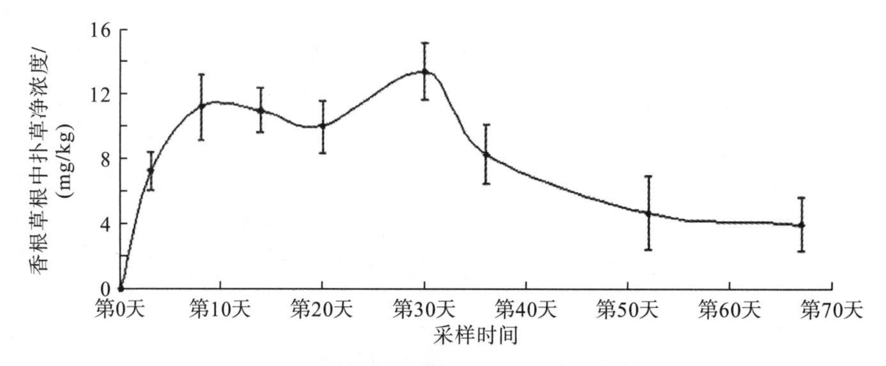

图 4-1 香根草根系中扑草净的残留动态

表 4-1 扑草净残留在水溶液和香根草体内的浓度动态

采样时间	水溶液中扑草净浓度/(mg/L)		香根草植株中扑草净浓度/(mg/kg)		TF
	对照组	种植香根草	根/(mg/kg)	茎叶/(mg/kg)	
第 0 天	2.5	2.5	0	0	0.00
第 3 天	1.98 ± 0.150^{a}	1.49 ± 0.204^{bc}	7.28 ± 1.165^{bc}	0.23 ± 0.011^{c}	0.03^{d}
第 8 天	1.76 ± 0.040^{ab}	0.87 ± 0.196^{d}	11.23 ± 2.012^{ab}	0.36 ± 0.151^{bc}	0.03^{c}
第 14 天	1.72 ± 0.065^{ab}	0.83 ± 0.133^{d}	11.00 ± 1.412^{ab}	0.93 ± 0.036^{a}	0.08^{ab}
第 20 天	1.69 ± 0.148^{b}	0.74 ± 0.105^{d}	10.00 ± 1.597^{b}	0.41 ± 0.130^{bc}	0.04^{c}
第 30 天	1.56 ± 0.175^{b}	0.32 ± 0.128^{e}	13.41 ± 1.763^{a}	0.54 ± 0.178^{b}	0.04^{c}
第 36 天	1.54 ± 0.075^{bc}	0.22 ± 0.068^{e}	8.30 ± 1.847^{b}	0.71 ± 0.159^{ab}	0.09^{a}
第 52 天	1.24 ± 0.099^{c}	0.05 ± 0.029^{f}	4.69 ± 2.263^{d}	0.47 ± 0.118^{b}	0.06
第 67 天	1.24 ± 0.370^{c}	0.04 ± 0.028^{f}	4.01 ± 1.695^{d}	0.45 ± 0.199^{b}	0.11^{a}

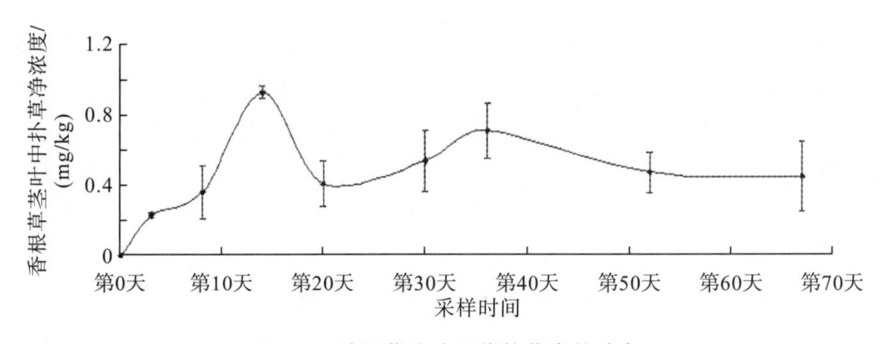

图 4-2　香根草叶片吸收扑草净的动态

4.3.2　水溶液中扑草净含量动态变化

水溶液中的扑草净浓度(包括种植香根草和未种植香根草的对照)随时间的变化如图 4-3 所示，香根草能显著加速被扑草净污染的营养液中扑草净的去除($P<0.01$)，在本试验的最后采样时，即第 67 天，初始添加扑草净的 98%左右被香根草吸收或者降解，或者被其他方式降解(可能光降解、微生物降解等)，相对于未种植香根草的对照来说，仅仅初始浓度的 50%左右的扑草净被去除。因此，香根草可加速水溶液中扑草净的去除近两倍。

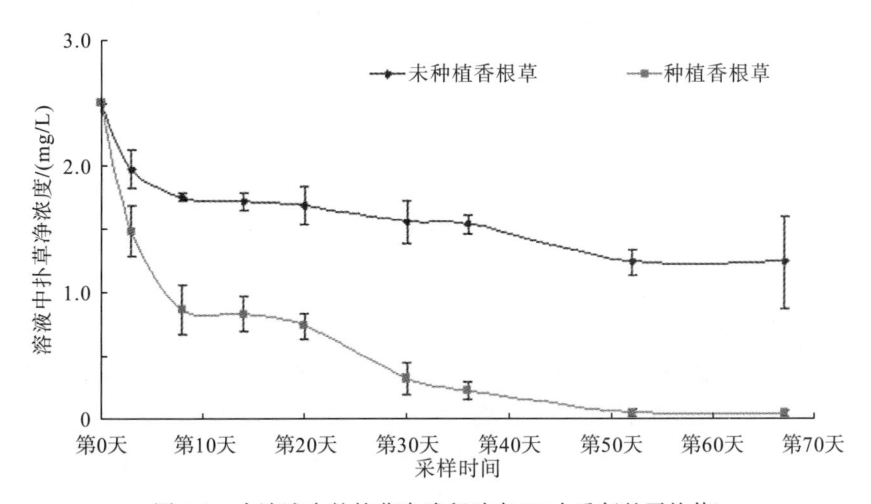

图 4-3　水溶液中的扑草净残留动态(三个重复的平均值)

扑草净在溶液中的浓度随时间的推移而下降(图 4-4)，溶液中扑草净的浓度和采样时间的动态符合一级动力学方程。方程式为：$C_t=1.937e^{-0.0073t}$(对照，未种植香根草的溶液)(t 为采样时间，C_t 对应 t 时的溶液浓度)，$C_t=1.8070e^{-0.0601t}$(种植香根草的溶液)，对照和处理的时间与浓度相关系数均为 0.94。一级动力学方程表明，种植香根草的处理组的降解速度常数 0.0601 几乎为对照组降解速度常数 0.0073 的 8 倍。这个结果再次证实香根草可以显著促进扑草净污染溶液中扑草净的去除。扑草净的降解半衰期($t_{1/2}$)从对照的 95 天显著降低到 83.5 天。结果与用皇竹草促进阿特拉津降解，比对照缩短 53 天的结果相似(陈建军等，2011)。象草对有机氯农药有高的生物富集作用和潜在植物修复功能(Sojinu et al.，2012)。Wilson 等(2000)研究发现，宽叶香蒲能够在 7 天内吸收 34%的甲霜灵和 65%的西玛津，黑麦草能在 10 天内快速吸收和累积氟乐灵和林丹，而 10 天以后，吸收率逐渐下降。一些藻类植株也对有机农药有累积能力(Hinman et al.，1992)。Marcacci 等(2006)研究表明，香根草能吸收和转移阿特拉津为极性化合物，其结合产物最多集中在叶的顶端，而且与谷胱甘肽结合是阿特拉津在香根草内主要的去毒和代谢途径。阿特拉津和扑草净均属于三氮苯类除草剂，化学结构相似，但香根草对扑草净的去毒和代谢途径，代谢机制是否一致，还需要进一步的证实。

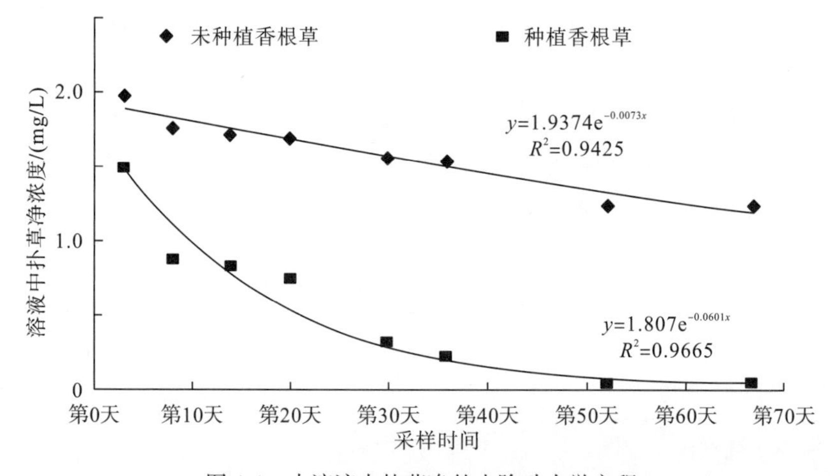

图 4-4 水溶液中扑草净的去除动力学方程

从以上的讨论结果来看，草本植物对农药的吸收和累积能力不同(竺迺恺等，2003)。植物对有机农药的吸收与农药的物理化学性质密切相关(Zhang et al.，2007)，还与农药的质量浓度、植物的种类和环境因素的有关(Topp et al.，1986；Briggs et al.，1987；Fung et al.，2001)。接下来的研究将从香根草对扑草净吸收的影响因素和代谢途径以及代谢机制方面进行。

4.4 结　　论

香根草能从溶液中吸收扑草净并显著促进扑草净的去除，去除半衰期比对照(未种植香根草)缩短了 11.5d。被扑草净污染的营养液中，扑草净的去除动态符合一级降解动力学方程($C_t=1.8070e^{-0.0601t}$)，扑草净浓度变化与时间的相关系数为 0.94($n=8$，$P<0.001$)，添加到溶液中的扑草净浓度在前 8 天快速下降，然后下降速度减慢，直到第 20 天。另外一个扑草净浓度快速下降时期在第 30 天和第 36 天之间，接下来又是较缓慢地下降直到最后采样日期——第 67 天，其下降速度变化与被吸收到植物中的浓度动态相符。扑草净被香根草从根系吸收并转移到叶片组织中。周际海等(2013)研究表明，植物自身对扑草净的降解十分缓慢，且扑草净会抑制植物分泌释放的各类生物酶的活性，但香根草对扑草净的吸收或者代谢机制还有待于深入研究。

本水培试验研究对用香根草作为修复植物修复扑草净等农药污染奠定了重要的理论基础，接下来的工作将继续用香根草修复土壤中的扑草净污染，以进行更深层次的相关代谢机制的研究。研究香根草对扑草净的累积模式和结合部位以及结合产物也是未来工作的目标，研究扑草净在香根草内的代谢机制可能是未来发展低成本、环境友好型扑草净水污染和土壤污染修复技术的关键。

第5章　添加腐植酸对香根草吸收水溶液中扑草净的影响研究

5.1 前　　言

腐殖类物质(HS)，包括胡敏酸(HA)、富里酸(FA)和胡敏素(humin)，是自然界中广泛存在的大分子有机物质，是动植物遗骸(主要是植物的遗骸)经过微生物的分解和转化，以及地球化学的一系列过程造成和积累起来的一类有机物质。作为有机物原料，腐植酸广泛应用于农、林、牧、石油、化工、建材、医药卫生和环保等各个领域，尤其是近年来提倡生态农业建设、无公害农业生产、绿色食品、无污染环保等，使腐植酸备受推崇。

腐植酸在农、林、牧、渔和医药方面的应用具有多种功能，对环境保护中有机污染物的减少和降解也有着非常重要的作用，因此，加强腐植酸在环境保护领域中的应用是现代产业可持续发展的重要措施(纪小辉等，2008)。近年来，随着经济的快速发展，农药(除草剂和杀虫剂等)、抗生素、染料及有毒化学原料等有机污染物给环境带来的压力越来越大，对环境造成的污染也日益严重。众多的污染物较难被微生物自然转化和降解(曾庆藻等，1994)。研究表明，腐植酸对不同种类的有机污染物包括除草剂、杀虫剂、抗生素、染料和有毒化学原料光降解有不同程度的抑制或者促进作用。腐植酸与铁络合后，可促进光催化降解阿特拉津(欧晓霞，2008)。腐植酸及腐植酸类产品对有机污染物的降解，尤其是结构复杂的大分子腐植酸对水体及土壤污染的降解有很好的效果。同时，腐植酸类物质对有机污染物特别是水体中的有机污染物有很好的固定沉淀作用，可减轻水体污染对生态环境造成的影响。腐植酸还可通过氧化还原作用，降解土壤和水体中的有机污染物。腐植酸能促进草本植物对重金属铅(Pb)(Paquin et al.，2002)、铜(Cu)、镉(Cd)和镍(Ni)的吸收和累积，提高植物对重金属的生物富集系数(Soyoung et al.，2014)。腐植酸的吸附作用和催化作用共同促进菊酯农药的光解，并在其浓度为3mg/L时有最理想的降解效率(王平立，2012)。

根据腐植酸对植物吸收累积重金属的促进作用，适宜浓度的腐植酸对某些植物的生理、生长有很好的促进作用(刘旭丹，2014)，推测腐植酸对香根草吸收水溶液中的有机污染物扑草净也有一定的促进作用。因此，本书拟添加腐植酸处理，研究其能否促进香根草对霍格兰营养液中扑草净的吸收和去除。

5.2　材料与方法

本次试验的研究目标是了解腐植酸对香根草吸收水体中的扑草净的效果。选择扑草净的不同初始浓度(50mg/L、100mg/L)，选择第 5 天、第 10 天、第 20 天、第 30 天作为采样时间。腐植酸的浓度为 0mg/L、50mg/L。用半强度的霍格兰溶液作为营养液，每瓶(高密度聚乙烯广口瓶，2000mL)种植 4 株香根草，以未种植香根草的处理作为空白对照。样品提取后用 0.45μm 有机相滤膜过滤。2013 年 10 月 3 日进行预备实验，将 50mg 扑草净加入 1L 的半强度霍格兰营养液中，使溶液中扑草净的初始浓度为 50mg/L。预备实验测定结果，第 5 天，扑草净在香根草的根系中测定结果为 38.9μg/g，而叶片中没有检出扑草净，在种植的第 13 天，香根草根和叶片中均检出扑草净，浓度分别为 74.3μg/g 和 16.3μg/g，说明该提取方法可用于本试验研究。半强度霍格兰营养液的配制：改进的霍格兰营养液，由 0.0676g KH_2PO_4、0.253g KNO_3、0.59g $Ca(NO_3)_2 \cdot 4H_2O$ 和 0.20g $MgCL_2 \cdot 6H_2O$ 混合入 1L 的去离子水中混合而成，溶液的 pH 用 1mol/L NaOH 调节至约 6.7。

腐植酸购于美国 Sigma-Aldrich 公司，CAS 号为 1415－93－6，它的提取来源是褐煤，主要组成元素的质量分数和原子比等理化如下：C 为 41.27，H 为 3.18，N 为 0.90，C/N 为 45.86，H/C 为 0.08，羧基含量 0.95mol/kg，酚酚羟基含量(mol/kg)为 2.89，紫外线波长为 465nm 和 665nm 处的吸光度比值(E4/E6)为 10.74。

5.2.1　试验控制条件

在加入营养液前称空瓶重(第一次)，加入营养液后再称取瓶重(每次采样前和补充溶液后)，加入植物后称重(每次采样前后)，用重量差计算植物的重量和溶液的重量以及两次采样之间溶液减少的量，采样后又用半强度霍格兰营养液补充溶液到初始的量。

5.2.2　样品采集

水样采集：每次溶液用注射器吸取 3～5mL 样品，用 0.45μm 的过滤器过滤后，置于避光处待测。

植株样品采集：植物根系和叶片中的扑草净，分别于第 5 天、第 10 天、第 20 天和第 30 天采集植株样品，香根草的根用去离子水冲洗表面后，用滤纸吸干表面水分，根和叶的样品用剪刀剪碎成 2～3mm 的样品。

5.2.3 样品提取

植物根系和叶片中的样品，准确称取 0.5g 已剪碎的样品，放入 20mL 的样品瓶中，加入 10mL 乙腈盖上瓶塞，用超声提取法提取 40min，用含 0.45μm 的滤膜的过滤器过滤后，置于避光处待测。

5.2.4 样品的测定

用高效液相色谱(Thermo Scientific，USA)，配紫外检测器测定样品。色谱柱为 C－18 色谱柱(100×4.6HY Gold 55M；Chromstar，Varian Inc.，USA)。流动相甲醇(HPLC grade)∶水(nano water)为 70∶30(V/V)，在使用前超声脱气处理。流速、进样量和运行时间分别为 1.5mL/min、10μL 和 3.5min，检测波长为 226nm，标准曲线方程：$Y=11.293X+0.4057$，$R^2=0.9994$，标准曲线浓度范围为 0～5mg/L，样品浓度超过 5mg/L 的，稀释 10 倍使之在标准曲线浓度范围。

5.2.5 方法的检测限

用信噪比方法计算出该方法的检测限(limit of detection，LOD)为 0.04mg/L，定量限(limit of quantity，LOQ)为 0.14mg/L.

5.3 结果与分析

5.3.1 溶液中扑草净的浓度随时间的变化

在设定的扑草净浓度为 50mg/L 和 100mg/L 的溶液中，实际测得溶液中扑草净的浓度并未达到设定浓度。第 0 天，设定浓度 50mg/L 的扑草净溶液中，实际测得扑草净浓度为 35mg/L，设定浓度为 50mg/L 的溶液中，实际测得扑草净浓度为 37～40mg/L。这与第 2 章中测定的扑草净的溶解度相符。之所以将浓度设定为高于水溶液中的溶解度，是为了进一步了解香根草对扑草净的耐受力。

在所有处理中，扑草净在营养液中残留的浓度随时间的推移逐渐降低(表 5-1)，第 20～30 天，残留于营养液中的扑草净浓度没有显著下降($P>0.05$)，第 30～50 天，残留于营养液中的扑草净浓度显著下降($0.01<P<0.05$)，除这两个时段之外，两个相近的时段之间，残留于营养液中的扑草净浓度均随时间的推移而呈现极显著下降($P<0.01$)。

表 5-1　水溶液中扑草净含量随时间变化的动态　（单位：mg/L）

处理	第 0 天(平均)	第 10 天(平均)	第 20 天(平均)	第 30 天(平均)	第 50 天(平均)
50mg/L 扑草净+香根草	35.90±0.77[b]	28.69±2.38[cd]	14.93±1.08[gh]	12.33±0.65[h]	9.81±0.64[ij]
100mg/L 扑草净+香根草	37.56±0.77[ab]	30.44±0.66[c]	16.36±0.77[g]	13.29±0.71[h]	10.57±0.87[i]
50mg/L 扑草净+腐植酸+香根草	35.69±0.95[b]	27.64±0.83[d]	15.08±0.16[g]	12.87±0.35[h]	10.89±0.58[i]
100mg/L 扑草净+腐植酸+香根草	40.7±0.22[a]	32.68±0.36[c]	18.32±0.86[f]	15.51±1.22[gh]	13.12±0.27[h]
50mg/L 扑草净无香根草	34.19±1.09b[c]	26.43±0.3[d]	20.66±0.66[e]	21.57±0.71[e]	17.42±0.67[f]
100mg/L 扑草净无香根草	38.88±1.85[ab]	29.39±0.32[cd]	21.57±0.29[e]	20.74±0.59[e]	16.85±0.47[fg]
50mg/L 扑草净无香根草+腐植酸	36.9±1.85[b]	28.72±0.84[cd]	22.78±0.41[e]	22.16±0.3[e]	18.18±1.66[f]
100mg/L 扑草净无香根草+腐植酸	41.73±1.82[a]	32.6±1.42[c]	20.91±0.58[e]	20.23±0.85[e]	17.20±0.37[f]

在霍格兰营养液中，扑草净的设计初始浓度为 50mg/L 时，如表 5-1 和图 5-1数据所示，在前 20 天，溶液中扑草净的浓度极显著下降($P<0.01$)，而且在前 10 天内，种植香根草和未种植香根草处理之间，没有显著差异($P>0.05$)，到第 20 天，与对照相比种植香根草的处理，营养液中的扑草净浓度极显著低于未种植香根草处理($P<0.01$)。这表明，香根草的种植对于促进溶液中扑草净的去除起到了非常重要的作用。通过一级动力学方程拟合(图 5-2)，溶液中扑草净的去除动态均符合一级降解动力方程，方程分别为：$C_t=33.592e^{-0.0135t}$，$R^2=0.9081$(未种植香根草)，$C_t=31.633e^{-0.0247t}$，$R^2=0.8648$(种植香根草)。对比二者的曲线拟合度，种植香根草后，促进了扑草净的去除，但扑草净的去除曲线拟合度较差(相关系数 $R^2=0.8648$ 低于未种植香根草的对照组 $R^2=0.9081$)，说明香根草改变了扑草净正常的降解规律。但添加腐植酸对动态方程没有影响，即是否添加腐植酸，拟合的动态方程重合。

在种植香根草和未种植香根草两组处理中，其中一组添加了腐植酸，从溶液中的扑草净浓度变化动态来看，两条曲线趋于平行，且几乎重合，表明腐植酸对溶液中扑草净的去除或对香根草对扑草净的吸收几乎没有影响($P>0.05$)。在 20 天后，直到第 50 天，溶液中扑草净浓度的缓慢下降，且种植香根草的处理与对照相比，差异极显著($P<0.01$)，未种植香根草的情况下，溶液中初始添加扑草净的 56%被以不同方式降解代谢了，而种植香根草的处理中，71.86% 的扑草净被香根草吸收或者以其他方式降解了，说明香根草能显著促进营养液中扑草净的去除($P<0.01$)。

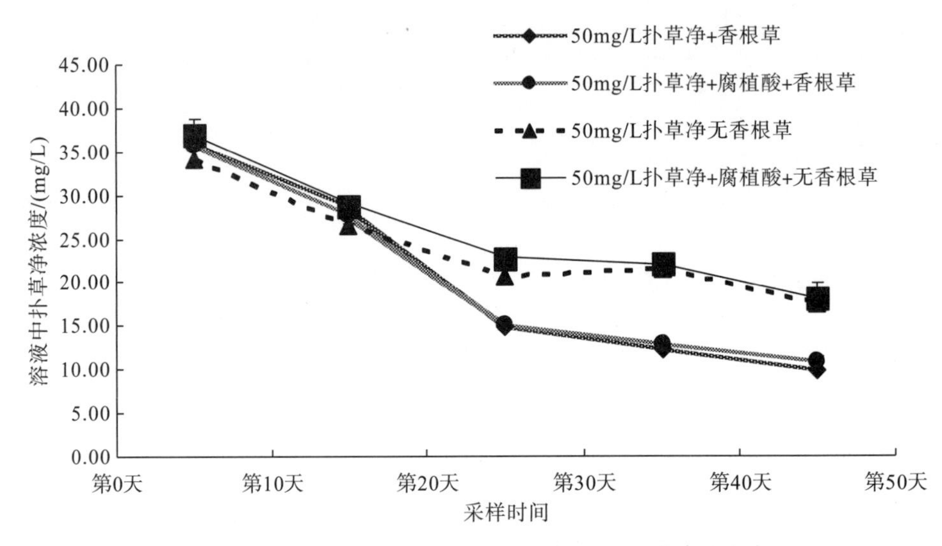

图 5-1　水溶液中扑草净随时间推移的残留浓度(初始扑草净浓度为 50mg/L)

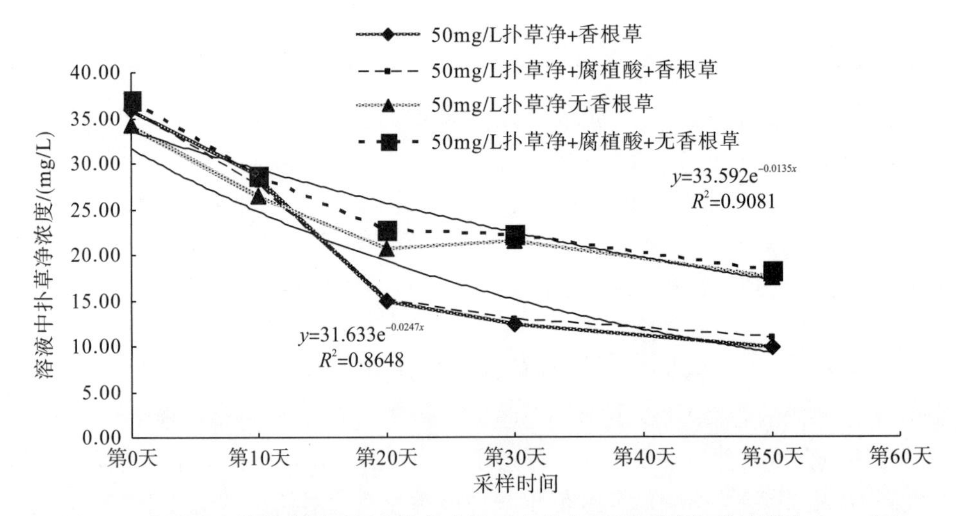

图 5-2　水溶液中扑草净随时间变化的去除动力学方程(扑草净初始浓度为 50mg/L)

扑草净的设计初始浓度为 100mg/L 时，霍格兰营养液中扑草净的实测初始浓度为 38～40mg/L(表 5-1，图 5-3)，在前 20 天，溶液中扑草净的浓度显著下降，除了未添加腐植酸，未种植香根草处理，营养液中的扑草净下降较缓慢之外，其余处理组溶液中残留的扑草净动态曲线几乎平行，而且在前 10 天内，种植香根草和未种植香根草处理之间，没有显著差异($P>0.05$)。到第 20 天，与对照相比种植香根草的处理，水溶液中的扑草净浓度极显著低于未种植香根草处理($P<0.01$)，表明香根草的种植对于促进溶液中扑草净的去除起到了非常重要的作用。结果与设定初始浓度为 50mg/L 的结果一致。同样，添加腐植酸处理对香根草的去除影响较小($P>0.05$)，但添加腐植酸能改变扑草净在溶液中的去除动态方程和各处理组溶液中扑草净随时间变化的动态方程(表 5-2)，可能的原因是腐植酸提高了扑草净在溶液中的溶解度，因此，添加腐植酸处理组的扑草净初始浓度均有所提高，添加腐植酸也提高了溶液中扑草净的降解速率常数 K，降解半衰期 $T_{1/2}$ 与降解速率常数成反比。因此，添加腐植酸后，未种植香根草处理组的降解半衰期比对照组(未添加腐植酸)缩短 3.63 天，但差异不显著($P>0.05$)，而在种植香根草处理组，添加腐植酸后，扑草净的降解半衰期增加 3.26 天，差异不显著($P>0.05$)，表明腐植酸影响营养液中扑草净的降解，但具体途径是否是由于抑制香根草对扑草净的吸收将在接下来的香根草体内扑草净动态变化中阐述。目前的结果与何雨帆等(2009)的研究结果一致，腐植酸能抑制小白菜对 Cd 的吸收。

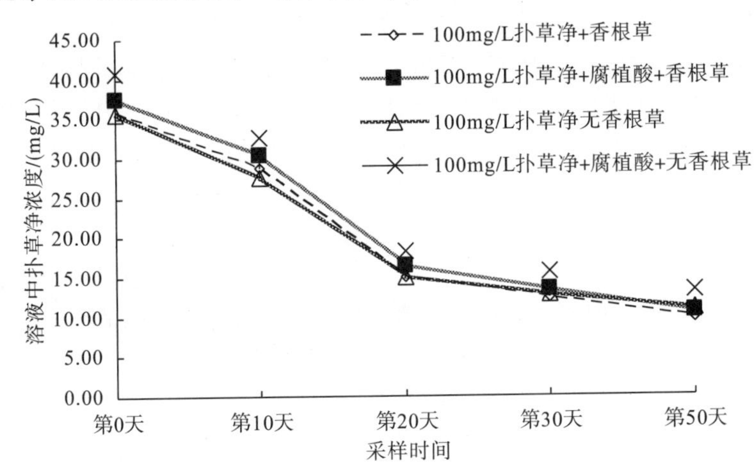

图 5-3　水溶液中扑草净随时间变化的去除动态(扑草净初始浓度为 100mg/L)

表 5-2　水溶液中扑草净的去除动力学方程(扑草净初始浓度为 100mg/L)

处理	去除方程	R^2	$T_{1/2}$/d
香根草无腐植酸	$C_t=34.653e^{-0.0268t}$	0.8993	25.86b
香根草+腐植酸	$C_t=36.832e^{-0.0238t}$	0.8735	29.12b
无香根草无腐植酸	$C_t=34.781e^{-0.0162t}$	0.8970	42.78a
无香根草+腐植酸	$C_t=37.039e^{-0.0177t}$	0.8482	39.15a

如表 5-1 和图 5-3 所示，在霍格兰营养液中，扑草净的设计初始浓度为 50mg/L 时，添加腐植酸和不添加腐植酸，整个扑草净在溶液中的浓度动态几乎重合，说明腐植酸对扑草净的去除动态没有影响。在设计的初始浓度为 100mg/L 时(表 5-2)，实测初始浓度为 38～40mg/L，说明添加腐植酸可能会促进扑草净在溶液中的溶解度。而且在种植香根草的处理组中，溶液中扑草净的变化曲线几乎平行，说明添加 50mg/L 的腐植酸不能够显著提高香根草对扑草净的去除作用。但 50mg/L 的腐植酸可能对扑草净在霍格兰溶液中的溶解有一定促进作用

(表 5-1、图 5-1 和图 5-2)，添加腐植酸后，扑草净的初始浓度均高于未添加腐植酸的处理。

5.3.2 香根草根对扑草净的吸收动态

结合 5.3.1 节的研究结果，与对照(未种植香根草)相比，种植香根草可以极显著促进霍格兰营养液中扑草净的去除。因此，我们推测扑草净可以被香根草从根系中吸收，并通过植物的生长作用，随植物的水分运输、营养运输等途径，从根系转移到叶片。为此，从施入扑草净开始的第 10 天、第 20 天、第 30 天，在采集水样检测的同时，对香根草的根系和叶片也进行了采集。用有机溶剂提取，并测定根系(图 5-4)和叶片中(图 5-5)扑草净的含量。在香根草的根系和叶片中，均检测到扑草净，说明香根草的根系能从溶液中吸收扑草净，并转移到叶片中。在香根草的根条中(图 5-4)，在前 10 天，扑草净含量持续上升，并接近顶峰，第 11~12 天之后，扑草净含量逐渐下降，第 20~30 天，除设计初始浓度为 100mg/L(未添加腐植酸)处理依然呈缓慢上升外，其余处理均缓慢下降。

从各处理香根草根对扑草净的吸收动态曲线来看，添加腐植酸能极显著提高香根草对扑草净的吸收($P<0.01$)，在第 10 天，添加腐植酸处理后，香根草根系中的扑草净含量比对照(未添加腐植酸)分别提高 89.54%(设计初始浓度为 50mg/L)和 196.96%(设计初始浓度为 100mg/L)，极大地提高了香根草根对扑草净的吸收。第 10~20 天，根系中的扑草净逐渐向叶片转移，根系中扑草净含量逐渐下降，但各处理组下降的速度不同。从第 20 天的测定结果来看，添加腐植酸的处理组，香根草根系中的扑草净含量比未添加腐植酸的对照组分别提高 17.37%(设计初始浓度为 50mg/L)和 38.00%(设计初始浓度为 100mg/L)，虽然添加的腐植酸量一致，但从前 20 天的结果来看，扑草净初始浓度越高，腐植酸对香根草吸收扑草净的促进作用越强。在第 30 天，初始浓度为 50mg/L 处理组，

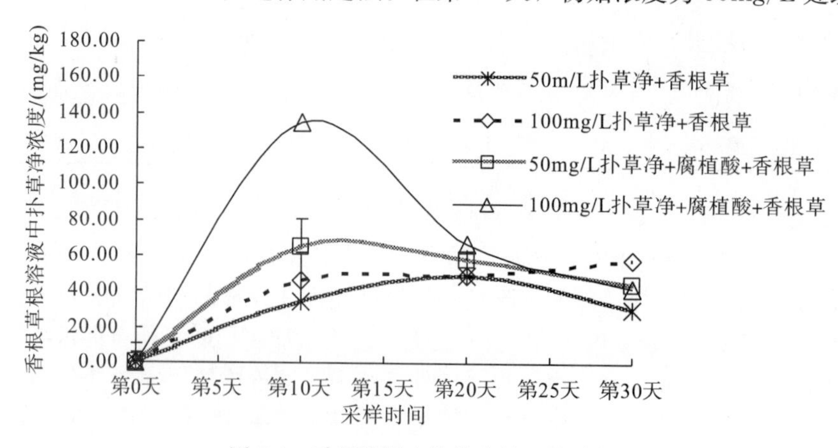

图 5-4 香根草根中扑草净的吸收动态

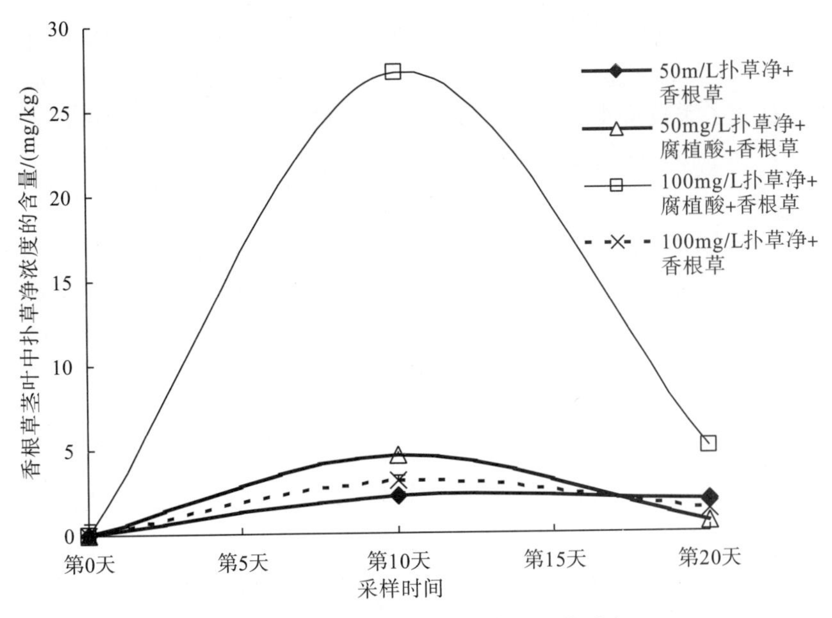

图 5-5　香根草叶片中扑草净的吸收动态

香根草根系中的扑草净浓度比对照高出 44.69%，而初始浓度为 100mg/L 处理组，添加腐植酸后，香根草根系中的扑草净含量低于对照组，比对照组低 26.71%。一方面，可能前期吸收较快，使根系中累积的扑草净达到饱和状态，另一方面，从叶片中扑草净的含量动态来看，添加腐植酸处理后，在第 10 天，扑草净在香根草叶片中的含量就远远高于其他处理，说明腐植酸促进了扑草净从根系向叶片转移，因此，吸收到根中的扑草净被迅速转移到叶片中，导致后期(第 30 天)香根草根系中扑草净含量低于未添加腐植酸处理。

5.3.3　香根草叶对扑草净的吸收动态

在叶片采集中，由于部分处理的香根草叶片已经干枯，因此，叶片中的含量动态只采集到第 20 天，而且到第 20 天之后，多数香根草，包括未添加扑草净的香根草都逐渐枯萎。因此，香根草枯萎的主要原因应该不是因为扑草净，可能是由于在种植香根草时，未对霍格兰营养液和植物进行灭菌处理，导致在溶液和空气界面，香根草根系和溶液界面的微生物繁殖，根系和叶片交界处有腐烂现象，从而影响香根草的正常生长。另外，与未添加腐植酸处理相比，添加腐植酸处理的香根草植株更早枯萎，也说明在腐植酸促进香根草对营养液中的扑草净吸收中，扑草净对香根草的毒害效应加强。叶片中的吸收动态曲线(图 5-5)与根系中的吸收动态相似，在第 10 天，设计初始浓度为 100mg/L，添加腐植酸的处理组，扑草净在叶片中的吸收极显著高于未添加腐植酸和其他处理组($P<0.01$)，高达

27.23(mg/kg)，而其他处理组均低于5.00mg/kg。第20天，叶片中的扑草净含量均低于第10天的含量。且添加腐植酸后，设计初始浓度为100mg/L的处理组，再次证实了香根草能吸收并转移溶液中的扑草净。腐植酸能够极显著地提高香根草对水体中扑草净的吸收和转移($P<0.01$)。

5.3.4 水溶液中扑草净的去除动态和去除百分比

从表5-3和图5-6可知，无论设计初始扑草净浓度为50mg/L还是100mg/L，添加腐植酸的处理，在第10天和第20天，溶液中扑草净的去除率均显著高于对照组($P<0.05$)。第10天分别为19.99%(初始浓度50mg/L)和31.08%(初始浓度100mg/L)，极显著高于相应的对照10.44%和12.99%($P<0.01$)，几乎为对照组的两倍。而添加扑草净初始浓度较高(100mg/L)的处理，溶液中扑草净的去除率为对照组的2.39倍。在第20天，未添加腐植酸处理组的扑草净去除率均高于第10天的去除率，相对而言，添加腐植酸的处理组的扑草净去除率却低于第10天，且与初始浓度有关。初始扑草净浓度较低(50mg/L)的处理，降低幅度较低，初始浓度较高(100mg/L)的处理，扑草净的去除率为15.21%，仅为第10天(31.08%)的一半。第30天，各处理组的扑草净的降解率较为复杂，首先，初始浓度较低(50mg/L)的处理，扑草净的降解率均低于第20天的降解率，分别降至9.39%(无腐植酸)和13.72%(有腐植酸)。初始浓度较高(100mg/L)的处理，未添加腐植酸的处理组，扑草净的去除率随时间的推移逐渐上升，添加腐植酸的处理组，扑草净的去除率随时间的推移逐渐下降，说明腐植酸加快了香根草对扑草净的吸收和转移。从总体去除率来看，添加腐植酸极显著提高了香根草对扑草净的吸收作用，从而提高了水体中扑草净的去除效率，分别提高了(初始浓度为50mg/L)16.65%和(初始浓度为100mg/L)13.13%，无论添加腐植酸还是未添加腐植酸，扑草净的初始浓度越高，溶液中扑草净的去除率越高，扑草净初始浓度为100mg/L时，分别达到42.69%(未添加腐植酸)和55.82%(添加腐植酸)。从三个采样时期的总体来看(表5-3，图5-7)，四个处理组对扑草净的去除率从高到低依次为：100+腐植酸+香根草(55.82%)>50+腐植酸+香根草(51.42%)>100+香根草(42.69%)>50+香根草(34.77%)。由去除率的顺序可以看出，添加腐植酸的影响大于增加扑草净初始浓度的影响。总体去除率最高的时期在第20天(除100+腐植酸+香根草处理，在第10天的去除率最高，如图5-7所示)，其次是第10～30天，整体去除率下降，推测与溶液中的扑草净浓度下降有关。加之香根草根系和叶片内累计的扑草净含量提高，受到扑草净一定的毒害作用，根系活力逐渐减弱，植物逐渐枯萎，从而导致第30天，香根草对扑草净的去除率有所下降。添加腐植酸后，香根草根系和叶片中扑草净的含量均显著高于未添加腐植酸处理的，一方面，可能原因是腐植酸促进了扑草净在溶液中的溶解，因此，溶液中扑草净浓度高，导致香根草对扑草净的吸收增加；另一方面，可能腐植酸改变了扑草净的生物活性或者结构，导致植物香根草对扑草净的吸收增加，从而提高了溶液中扑草净的去除率，说明腐植酸能通过提高香根草对扑草净的吸收和转移从而促进溶液中扑草净的去除。腐植酸促进植物香根草对有机农药扑草净的吸收转移，可能原因是腐植酸的吸附作用和催化作用共同影响。有研究表明，腐植酸可以促进功夫菊酯和氯氰菊酯的光降解效率，且其降解是受腐植酸的吸附作用和催化作用共同影响的，并在腐植酸浓度为3mg/L时有最理想的降解效率(王平立，2012)。腐植酸具有可逆性的氧化还原和离子交换功能，它能够与水中和土壤中的有机物的不饱和键作用，使污染物降解，一部分是通过这种氧化还原作用，将有机污染物分解成CO_2和H_2O，释放到土壤或空气中，另一部分是分解产生羟基自由基和水中的有机物作用，使有机污染物被降解(纪小辉等，2008)。另外，疏水性有机物的吸附与腐殖酸的芳香性及非极性脂肪碳有关(曾清如，2005)。扑草净也是一种疏水性的有机物，因此，腐植酸的存在可能通过改变扑草净与香根草根系之间的吸附作用，从而影响香根草对于溶液中农药扑草净的吸收和去除。研究表明，腐殖质能够促进植物生长，改善矿质营养，从而促进植物萃取重金属。腐植酸可以增加铅(Pb)、铜(Cu)、镉(Cd)和镍(Ni)在芸苔、高羊茅和向日葵植物幼苗和根部的积累，腐植酸还可以通过为根际微生物提供有利的条件，增强对有机污染物的降解能力(Park et al.，2012；Park et al.，2014)。腐植酸除了对农药的吸附作用(包括物理吸附和化学吸附)之外，还可以改善农药溶液的表面活性，增强大部分农药的生物活性，也可能导致农药的分子结构发生变化(张彩凤等，2006)。因此，腐植酸可能通过多方面的因素影响香根草对扑草净的吸收和去除，但具体添加腐植酸的浓度对吸收的影响以及影响的机制有待于进一步的研究。结合溶液中扑草净的动态变化来看，在第30天后，溶液中的扑草净一直呈下降趋势，说明被吸收进入香根草体内的扑草净，可能通过植物的作用，转化为结合产物或者代谢为无毒化合物(张伟等，2007)，但具体代谢途径和代谢机制还需要进一步深入研究。

表5-3　添加腐植酸对香根草去除水溶液中扑草净的量和去除百分比的影响

处理	去除方程	R^2	$T_{1/2}$/d
香根草无腐植酸	$C_t=34.653e^{-0.0268t}$	0.8993	25.86[b]
香根草+腐植酸	$C_t=36.832e^{-0.0238t}$	0.8735	29.12[b]
无香根草无腐植酸	$C_t=34.781e^{-0.0162t}$	0.8970	42.78[a]
无香根草+腐植酸	$C_t=37.039e^{-0.0177t}$	0.8482	39.15[a]

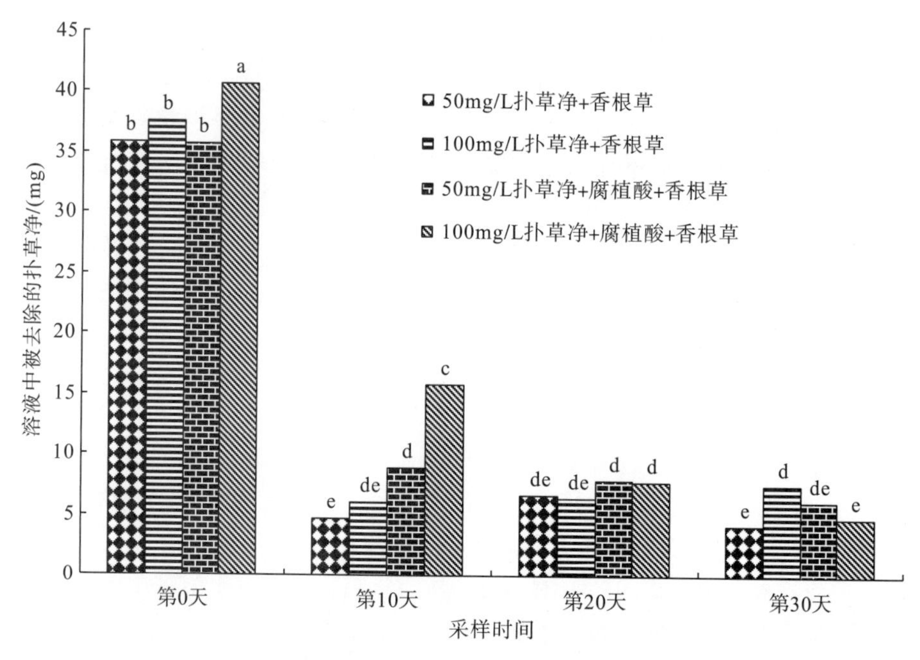

图 5-6 不同时间水溶液中被去除的扑草净的量(mg)

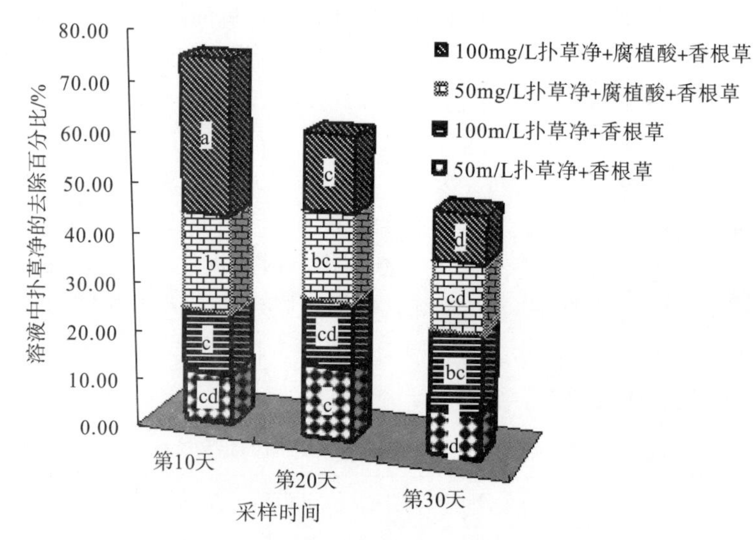

图 5-7 不同时间水溶液中扑草净去除的百分比

5.4 结 论

根据溶液中残留的扑草净动态变化来看，各处理组中残留的扑草净随时间的推移逐渐降低。第 0～20 天，各处理组中的扑草净残留浓度随采样时间推移极显著下降(P<0.01)。自第 20 天起，扑草净残留随采样时间显著下降(0.01<P<

0.05)，特别是种植香根草处理和对照(未种植香根草处理)之间有极显著差异($P<0.01$)。

从溶液中扑草净的去除动态变化看，添加腐植酸对溶液中扑草净的去除动力学方程没有显著影响，但添加腐植酸能提高扑草净在营养液中的溶解度，因此，添加腐植酸后，扑草净的初始浓度有所提高。结合扑草净在植株中的吸收动态来看，添加腐植酸能极显著提供香根草对扑草净的吸收($P<0.01$)。特别在第 10 天，添加腐植酸处理后，香根草根系中的扑草净含量比对照(未添加腐植酸)分别提高 89.54%(设计初始浓度为 50mg/L)和 196.96%(设计初始浓度为 100mg/L)，极大地提高了香根草根对扑草净的吸收能力。

第6章　综合讨论

6.1　农药污染植物修复

6.1.1　农药污染植物修复的可行性和应用前景

植物修复(phytoremediation)，是利用绿色植物来移除、分解或转化污染物使其对环境无害。植物修复技术是1983年美国科学家Chaney首次提出来的，植物修复技术的理论研究始于20世纪50年代。20世纪60～70年代，研究者主要关注作物内有机污染物(主要是有机农药)的来源及其在作物不同组织间的分配和影响，研究发现植物根系可以吸收土壤中的有机农药，并将其所吸收的一部分农药转移、累积到地上部分。20世纪80年代，科研人员在研究有机化合物对作物危害的同时，也对其在作物不同组织中的分配进行了研究(Briggs et al.，1983；Briggs et al.，1987)。70年代末至90年代初，有关植物修复的研究与应用日益受到重视。20世纪90年代以后，PCBs、多环芳烃(PAHs)、三硝基甲苯(TNT)及部分杀虫剂等难降解有机化合物的污染受到了密切关注(Pradhan et al.，1998；Kučerová et al.，1999；Wayment et al.，1999)，相关的植物修复技术研究日益深入。研究表明，通过植物的吸收、挥发、根滤、降解、稳定等作用，可以净化土壤或水体中的污染物，达到净化环境的目的(Chaney et al.，1997)。作为生物修复中一个重要类型，植物修复与传统的物理、化学修复方法相比较，具有投入低、治理效果明显、不易产生副作用、可恢复和建设生态环境的特点。

6.1.2　农药污染土壤的植物修复

从20世纪50年代开始，人们对农药的植物修复机理及应用进行了大量的研究。杨柳春等2002年预测，未来几年植物修复在美国的市场份额可达到数亿美元(杨柳春等，2002)。有机农药污染是有机化合物污染中的一种重要类型。2001年5月23日，90多个国家签署的《关于持久性有机污染物的斯德哥尔摩公约》(Stockholm Convention on Persistent Organic Pollutants)中提出的首先控制环境中艾氏剂(aldrin)、狄氏剂(dieldrin)、异狄氏剂(endrin)、滴滴涕(DDT)及其代谢物、七氯（heptachlor）、氯丹（chlordane）、灭蚁灵（mirex）、毒杀芬(toxaphene)、六氯苯(hexachlorobenzene，HCB)、多氯联苯(polychlorinated biphenyls，PCBs)、二噁英和呋喃(polychlorinated dibenzo-p-dioxins and dibenzofurans，PCDD/Fs)等 12 种持久性有机污染物(persistent organic pollutants，POPs)，其中有机农药占了 9 种。有机农药污染的治理及被污染生态环境的修复已引起各国政府的高度重视(张伟等，2007)。植物对土壤中农药的修复主要有植物吸收、植物代谢和蒸腾作用，植物释放酶等分泌物降解以及根际微生物联合代谢三种机制。这些都是针对有机农药土壤污染植物修复的研究。例如：菜豆对土壤中二嗪磷与对硫磷 30 天后的降解率分别为 12.9%和 17.9%，菜豆的根系分泌物促进了二者的降解(Hsu et al.，1979)。红三叶与飞蓬草等八种草的根际区 2，4－D 的速率常数比非根际区大 8 倍，(Boyle et al.，1995；Nair et al.，2008)。大多数有机污染物在植物的生长代谢活动中发生不同程度的转化或降解，被转化成毒性小或者无害的物质储存在植物组织中。还有一部分污染物可以在植物体内转化为可挥发的物质，通过植物的叶面释放到大气中去，即蒸腾作用。对农药污染的修复还主要集中在农药污染土壤的植物修复，而植物根域的微生物群体的降解作用被认为是植物修复农药污染的土壤的主要途径(信欣等，2004)。

6.1.3　农药水污染的植物修复

可溶性和不可溶性的农药均可通过雨水或农用灌溉水冲淋而汇集入河流中，而农药厂的污水排放也可引起河流的污染；农田水流失为农药入水的最主要途径，施入农田的农药，经过大气漂移、降雨和土壤淋溶等，最终均通过不同渠道进入水体，经分析，不同水体遭受农药污染程度为：农田水>河流水>自来水>深层地下水>海水(肖曲等，2008)。我国河流众多，在三大平原(东北平原、华北平原与长江中下游平原)中，河网分布极为广泛，使得农药进入水体的概率大大增加。加之扑草净作为水质改良剂直接用于水产养殖中，造成水体的直接污染及鱼、虾类和贝类等海产品的农药残留。我国目前水体农药污染已经遍及地表水，包括河流、湖泊、水库等，地下水饮用水源区，海域的河口和海岸带等(孙肖瑜等，2009)。因此，水环境中农药的污染修复越来越受到关注。部分农药在水体中会直接进行光化学降解和水化学降解。但光降解与农药的性质相关，有些农药并不容易被光解，如六氯代环戊烯，在其被施于环境中后就立刻被沉积物所吸附，从而避免了光解的发生(石利利等，2000)。很多农药在直接光解过程中涉及诸多中间体和产物，它们由竞争着的光、暗反应生成。如 Thomas 等研究了五氟磺草胺的光解，发现其在紫外线下可以分解为 TPSA、甲基 BSTCA 等化合物，而 TPSA 是一种中间体，可进一步分解为 BST 等(Morrica et al.，2001)。农药在化学水解时，一个亲核基团(水 OH^-)进攻亲电基团(N、P、S 等原子)，并且取代离去基团(Cl^-、苯酚盐等)，因此，农药的化学水解也取决于农药分子中是否存在着可以被水解的化学结构，如酯、酰胺、腈、醚和酰氯等，其水解速率主要取决于农药本身的化学结构和水体的 pH、温度、离子强度及其他化合物的存在，其中尤以 pH 和温度影响最大(肖曲等，2008)。

土壤中的农药去除，植物根际微生物在许多有机污染物的中间和最终降解过程中起着重要的作用，但由于湿地中微生物去除机理十分复杂，微生物受污水温度、pH 影响大，而且农药废水毒性强，可生化性低，微生物对废水中的一些难降解性化合物的代谢速度慢，严重影响生化反应效率。在水温低于 10℃时，微生物活性显著降低，微生物降解农药的效率显著下降(魏海林等，2009)。Moore 等(2007)利用人工湿地去除杀虫剂二嗪农(diazinon)的研究表明，43% 的污染物被植物所吸收，23%和 34%的杀虫剂分别存在于底泥和污水中。试验期间，二嗪农在污水、底泥和植物中的平均浓度显示，被吸收在植物中的二嗪农浓度极显著高于在污水和底泥中的浓度。近年来，人工湿地被广泛应用在农业面源污染控制中，相对于国内对面源污染的控制主要针对常规污染物的研究而言，国外对利用人工湿地和天然湿地去除农业径流中农药的研究已经十分活跃。研究者们对进入湿地后的污染物的迁移规律和转化机理进行了大量的研究，其结果表明，在人工湿地去除污染物的过程中，基质、植物、微生物三者相互联系，互为因果，形成一个共生系统，利用基质－微生物－植物的物理、化学和生物的三重协同作用，通过过滤、吸附、沉淀、共沉、离子交换、植物吸收和微生物降解等来实现对污水的净化(王世和，2007)。此外水生植物和藻类对某些农药也有一定的吸收作用(Rose et al.，2006)。植物在生长过程中不断通过根系吸收、光合作用和呼吸作用等代谢过程为其提供物质和能量，植物对污染物的吸收也正是伴随这些过程的发生而发生的。除了吸收，植物还能对农药起到截留作用。Watanabe 等(2001)研究表明，当植物覆盖率为 50%时，37%的农药截留在植被过滤带上，当植物覆盖率为 100%时，有 88%的农药截留在植被滤带上。由于水生植物具有大面积的富脂性，所以用于吸收亲脂性的有机氨农药完全是可行的(信欣等，2004)。实际上，无菌的植物本身是可以吸附和代谢有机氯化合物的。Gao 等(2000)研究表明，无菌条件下水生植物鹦鹉毛(*Myriophyllum aquacum*)、浮萍、伊乐藻在 6 天内可以富集全部水环境中的 DDT，并能将 1%～13%的 DDT 降解为 DDD 和 DDE。因此，植物不仅是人工湿地的重要组成部分，也是影响水体中农药修复的重要因素，湿地植物对农药的耐受性和富集能力差异很大，而且植物的生长具有区域性，受环境因素影响较大，所以处理湿地中农药的优势植物筛选研究显得非常重要。

6.2　香根草作为湿地植物的应用

6.2.1　香根草在环境方面的应用

植物是人工湿地的重要组成部分，也是影响农业径流中农药的去除效率的重要因素，植物能给微生物提供吸附和生长场所，对污染物进行物理截留，以及促使底泥稳定化(Moore et al.，2006)。香根草，又名岩兰草，为禾本科香根草属多年生粗壮草本植物。香根草茎秆丛生，高 1～2.5m，直立，叶片相对互生，宽 5～10mm，叶层高 1～5m 以上。须根呈网状、海绵状，含挥发性浓郁的香气，粗 1～2mm，深 2～3m，被认为是世界上具有最长根系的草本植物。越冬时，宿根处于自然休眠状态，翌春重新分蘖。印度、斯里兰卡、马来西亚一带广泛种植；我国福建、广西 、海南及四川均有引种。20 世纪 90 年代后，有关介绍香根草的文章和试验研究陆续报道，香根草在我国的应用和研究已由南方逐步向北推移，例如：从海南、广东向安徽、山东、河南、上海过渡，香根草在我国的研究和应用也由最初的坡地水土保持逐步向多元化方向发展。21 世纪的重大课题之一是环境保护。近年来，用香根草进行试验来研究用于污染治理和控制的课题越来越多。香根草能在高浓度金属含量条件下(如 Cu、Cd、As 等)正常生长，在土壤被重金属放射性污染或开矿、地下掩埋、废弃物等污染条件下种植香根草极有利于土壤的复垦。例如，有人研究在人工湿地周围用植物香根草作篱可阻拦固体物分离出溶解的养分，通过氧化或滞留除去病原微生物，也有利于恶劣环境的治理和改善，因此，香根草用于环境保护、治理污染方面的探索将是今后生物工程技术研究探索的新热点(张伟，2012)。蒋敏等(2012)用香根草建立人工湿地处理生活污水，试验研究表明，香根草在不同污染负荷下长势良好，每分蘖达到 15～20 个，根系发育较快，有的植株甚至长出了新苗，湿地系统在该实验条件下耐污性良好，对生活污水中的 COD、TP、TN 有较高的去除率。植物吸收是漂浮植物湿地系统的主要去除途径，且芒草、香根草和再力花对水体中营养盐的去除能力较大，尤其是对水体中磷的提取，芒草和香根草高于绿苇、茭草、菖蒲和再力花。浙江地区进入 11 月份后，由于温度降低，茭草、再力花和菖蒲茎干底部部分叶片出现枯萎现象，而香根草、芒草和绿苇没出现枯萎现象，其中芒草和香根草都具有较大的生物量和耐寒性(赵凤亮，2012)。2006 年，以香根草为主体的漂浮型复合系统结合微生态制剂治理滇池富营养有机污染的项目在昆明实施，通过一年多的研究发现，香根草有较强的适应性和耐污能力。滇池水中包括生活污水，海鸥、水生生物代谢产物等污染物质，氮、磷等富营养化。该项目实施一年后，滇池水质明显改善，水中的主要有机污染物质降解率均达到 86%。同时，该项目的实施能快速转化降解河道和湖泊水体中的污染物质，在水体中较快地建立初级食物链，构成生态系统多维立体的生物种属的合理配置，效果明显，表现为浮游生物种群数量增加，水体中生物多样性得以恢复。香根草等水生植物茂盛、水体生态平衡，并可用于饲养观赏鱼，成本低廉、治理污染的同时能产生经济回报和景观效果(徐礼煜，2008；赵凤亮，2012)。

6.2.2 香根草作为人工湿地植物的优势

香根草人工湿地已展现出较强的净化污水潜力，对氮、磷有较高的去除率(陈怀满，1997；谢建华等，2006)，对垃圾场的渗滤液、工业炼油废水、猪场废水的处理都有较好效果(廖新俤等，2002；夏汉平等，2002，2003)，这些都是香根草在净化污水方面表现出的较好的效果和较强的耐污能力。另外，香根草还能成功地去除多环芳烃(PAH)、有机氯农药、降解阿特拉津、降解受苯并[a]芘(Paquin et al.，2002；Li et al.，2006；Marcacci et al.，2006；Makris et al.，2007；Mao，et al.，2014)，这些都说明香根草对有机化合物有较高的亲和力。本书通过香根草吸收污染水体中的扑草净试验表明，香根草能从溶液中吸收扑草净并显著促进水体中扑草净的去除，去除半衰期比对照(未种植香根草)缩短了11.5天。水体中的扑草净被香根草根系吸收，并转移到叶片中，而且被扑草净污染的营养液中，扑草净的去除动态符合一级降解动力学方程($C_t=1.8070e^{-0.0601t}$)，扑草净浓度变化与时间的相关系数为0.94($n=8$，$P<0.001$)。添加到溶液中的扑草净浓度有两个快速下降时期，第一是在前8天，第二个扑草净浓度快速下降时期在第30～36天。直到第67天，初始添加扑草净的98%左右被香根草吸收或降解，而对照(未种植香根草)处理，仅初始浓度的50%左右的扑草净被去除。这说明香根草作为湿地植物用于扑草净水污染修复是可行的。本书研究为香根草作为修复扑草净等农药污染奠定了重要的理论基础，更深层次的去除机制或者代谢途径还有待于进一步深入研究。

6.2.3 香根草及其他草本植物吸收有机农药污染的机理

湿地植物对农药的耐受性和富集能力与植物的种类，生长环境，农药的结构、理化性质等密切相关，本书试验研究表明，香根草对扑草净有较好的亲和力，能促进水溶液中扑草净的去除。本书研究还测定了香根草根系和叶片中扑草净含量随时间变化的动态，在施入农药的前10天，香根草根系中的扑草净含量随时间的推移逐渐上升，尤其在前3天，上升速度非常快，第3～10天，上升速度略有降低。结合叶片中扑草净的含量动态，在前8天，叶片中的扑草净含量逐渐升高，到了第8～14天，叶片中的含量急速上升，而此时段，根系中的扑草净含量逐渐下降，说明香根草通过根系从溶液中吸收扑草净，并转移到叶片中，而且随着根系中扑草净含量的增加，转移到叶片中的速度也随之增加。同样，在根系的第二个吸收高峰期，第 20～30 天，叶片中的第二个吸收高峰期在较根系延迟的第 30～40 天，结合各个时期扑草净在香根草体内的转移系数(TF=叶片中扑草净的浓度/根中扑草净的浓度)，除了两个叶片的吸收高峰值外，转移系数整体上逐渐上升，从第 3 天的 0.03 提高到第 67 天的 0.11，提高了将近三倍。但在两个叶片的吸收高峰期，即第 14 天和第 36 天，扑草净在香根草体内的转移系数分别为 0.08 和 0.09。仅从转移系数来看，只有 10%左右的扑草净从根系转移到叶片中。由于每次采样都是破坏性的采样，无法测定各次的根系生物量和叶生物量，因此，未能准确计算实际转移的扑草净含量。根据香根草的初始生物量估算，初始时测得香根草总生物量为 1.20kg 左右，叶片总量约为 0.90kg，而根系总生物量约为 0.30kg，以此推算，根系中吸收的农药总量被转移到叶片中的量是可观的。Marcacci 等(2006)用 C^{14} 标记阿特拉津，然后将香根草全株植物暴露于阿特拉津中，发现在中等挥发条件(75%湿度)下，阿特拉津累积在香根草的叶尖，且 20 天后累计量为 29nmol/g 鲜重(即 6.26mg/kg)，而在根系中仅为 6nmol/g 鲜重，这与本试验的研究结果有较大差异。本书研究结果表明，被香根草根系吸收的扑草净虽然能从根系转移到叶片中，但在实验的最后采样时间(第 67 天)，扑草净在根系中和叶片中的含量分别为(4.01±1.695)mg/kg 和(0.45±0.199)mg/kg，说明扑草净主要累积于香根草的根系，不过这也与实验条件有关。本书试验中，只有香根草的根系暴露于扑草净污染的水溶液中，因此，根系是扑草净首先接触的部位，而且根系和叶片之间的转移还有一个相对的时间延迟。Marcacci 等(2006)的研究还表明，香根草还可以将阿特拉津转化为极性化合物，经过 20 天阿特拉津的接触，和初始阿特拉津相比，50%的阿特拉津与香根草中的物质结合为轭合物，28%左右的阿特拉津转化为脱烷基产物，22%为不明产物。在实验条件方面，Marcacci 等(2006)所用的阿特拉津初始浓度高达 8μM (1.726mg/L)，且在实验的第 5 天和第 12 天换处理溶液，以保证持续较高的阿特拉津浓度，该研究也表明，香根草对阿特拉津有较强的耐污性。有研究表明，植物对阿特拉津的酶促脱毒方式不能降解扑草净，且扑草净会抑制植物分泌释放的脱卤素、硝酸还原酶、漆酶、过氧化物酶和腈水解酶等的活性(唐除痴，1998；信欣等，2004)。而本书研究也表明，香根草在 0.25mg/L 的扑草净溶液中生长发育不受影响。但香根草对扑草净的实际耐性还需要进一步深入研究。

6.2.4　草本植物修复农药的研究

利用草本植物对农药进行修复的研究也不少，例如：Sojinu 等(2012)研究表明，象草对有机氯农药有较高的生物富集作用的潜在植物修复功能。也有研究表明，在植物修复的过程中，通过植草来吸收有机农药的途径对土壤中污染物的去除所做的贡献很小(安凤春等，2004)，可能是由于土壤中环境影响因子复杂。而在水溶液中，草本植物对农药去除的主要途径是植物吸收。Wilson 等(2000)利用宽叶香蒲吸收营养液中的甲霜灵和西玛津的研究表明，宽叶香蒲能够在 7 天内吸收 34%的甲霜灵和 65%的西玛津，夏会龙等(2002a，c)用凤眼莲(*Eichhornia crassipes* Solms)修复水溶液中乙硫磷(ethion)、三氯杀螨醇(dicofol)、三氟氯氰菊酯(lambda-cyhalothrin)的效果及主要机理的研究结果表明，10～11g 凤眼莲可使 250mL 中 1mg/L 的乙硫磷、三氯杀螨醇、三氟氯氰菊酯消解速度分别提高 283.33%、106.64%和 362.23%。其修复机理主要是凤眼莲吸收农药后在其体内积累或进一步降解，贡献率分别达 69.28%、37.77%和 63.06%，而其中乙硫磷和三氯杀螨醇消解量的约 60%由累积作用完成。同期研究表明，凤眼莲对水溶液中的甲基对硫磷具有极佳的吸收作用，并且具有彻底清除水溶液中甲基对硫磷的能力(夏会龙等，2002a)。无菌条件下水生植物理鹅毛(*Myriophyllum aquaticum*)、浮萍(*Spirodela oligorrhiza*)、伊乐藻在 6 天内可以富集大部分水环境中的滴滴涕，并能将 1%～13%的滴滴涕降解为滴滴滴和滴滴伊(Gao et al.，2000)。黑麦草能在 10 天内快速吸收和累积氟乐灵和林丹，而 10 天以后，吸收率逐渐下降。根据大量研究报道，玉米(*Zea mays*)、小麦(*Triticum aestirum*)、大麦(*Hordeum vulgare* L. cv. Alexis)、水稻(*Oryza sativa* L. ev. Tainan)、豇豆(*Vigna radiate*)、绿豆(*V.* unguiculata)、烟草(*Nieotiana tabacum* L. cv. Wisconsin)等许多农作物对莠去津、禾草敌等有机农药均具有良好的吸收效果。另外，植物对污染物的吸收还受植物的种类、部位及生长季的影响(孙铁珩，2001)。植物根系类型、根面积、根分泌物、酶、根际微生物等的数量和种类不同，都会导致根际对污染物降解能力的差异。特别是根系类型对污染物的吸收具有显著的影响，须根吸收污染物的量高于主根，这也是草本植物比木本植物吸收和累积更多污染物的主要原因之一(林道辉等，2003)。植物产生的酶对农药有降解作用，玉米、高粱、甘蔗、宿根高粱等对莠去津的抗性较为稳定，在这些作物中含有一种谷胱甘肽转移酶，可以促进莠去津与谷氨酸结合成可溶于水的结合体，使莠去津在这些作物体内失去活性，从而使作物不受损害(Balduini et al.，2003；London et al.，2004)。高粱叶片 7 天内，有 62%被吸收的莠去津可转化为可溶于水的化合物(Shao et al.，1996)。

6.2.5 植物修复与有机农药理化性质

植物对有机农药的吸收量与农药的理化性质密切相关。研究表明，植物对结构和相对分子质量相似的化合物的吸收量与化合物的正辛醇/水分配系数(lgKow)呈正相关。农药在植物中的吸收部位和降解方式受其影响，被植物根部吸收的农药，有些吸收后只能在植物木质部流动，而不能在韧皮部流动(LogKow 约为 1～4)，而有些农药，被根部吸收后不能大量被转移至幼芽上，只能依赖根表面的降解(Briggs et al.，1983)。扑草净的正辛醇/水分配系数为 3.51(22℃)，推测应该容易被转移到幼芽上。目前，有机农药被植物吸收后在植株体内进一步代谢降解的研究相对缺乏，有机农药在植物体内的转移，被植物同化利用及最终的归宿有待更深入的研究，这也是今后需进行深入研究的一个重要方面。

本书研究结果表明，扑草净在溶液中的浓度随时间的推移而下降，且溶液中扑草净的浓度和采样时间的动态符合一级动力学方程。方程式为：$C_t = 1.937e^{-0.0073t}$(对照，未种植香根草的溶液)和 $C_t = 1.8070e^{-0.0601t}$(种植香根草的溶液)，一级动力学方程表明，种植香根草的处理组的降解速度常数(0.0601)几乎为对照组降解速度常数(0.0073)的 8 倍。结果与用皇竹草促进阿特拉津降解，比对照缩短 53 天的结果相似(陈建军等，2011)。Briggs 等研究了大麦对涕灭威等氨基甲酸酯类农药的吸收与积累动态研究表明，在 24～48h 后，大麦基部和根部中央的农药浓度变得恒定，在植物叶中的量却在代谢转移平衡后，逐渐提高到 72h 或 96h 才达到恒定。Zacharia 等(2010)在基隆贝罗的甘蔗种植园，研究了甘蔗(*Saccharum officinarum*)、羊草(*Panicum maximum*)和杧果(*Mangifera indica*)叶片对受污染土壤中农药的吸收累积，结果表明，在土壤中残留的 16 种农药中，有 11 种在植物中被检测到，在土壤中含量最高的 2,2－双(邻对氯苯基)－1，1，1－三氯乙烷(O，P'－DDT)，平均浓度为 21.04μg/kg 干重。然而，植物样品中含量最高的是其同系物对，对－二氯二苯基二氯乙烷(P，P'－DDD)，浓度为 17.16μg/kg 干重。土壤和植物中的代谢产物不同，其中一些农药或者代谢产物在植物中被测得的浓度高于土壤中的浓度，但没有显著差异。可能的原因是某些植物有对 DDT、六六六(HCH)和硫丹等持久性有机污染物的累积作用导致在植物中含量高于土壤中含量(Huelster et al.，1994；White，2001)。因此，生物吸收是决定农药在环境中归属的一个重要因素(Mattina et al.，2000)。有机磷类农药或化合物，磷酸三－氯－丙基酯(TCPP，lgKow=2.59)，三(2－羧乙基)膦(TCEP，lgKow=1.44))通过吸收，大量转移到草原羊茅的叶片中，尽管不同种植物或者植物的品种不同，除了磷酸三丁酯(TBP，lgKow=4)在胡萝卜中之外，供试的其他药品在几种植物(大麦、草原羊茅、小麦、油菜)叶片中的浓度均高于在根中的浓度(Eggen et al.，2012)。从以上的讨论结果来看，草本植物对农药的吸收和累积能力不同(竺迺恺等，2003)。植物对有机农药的吸收与农药的物理化学性质密切相关(Zhang et al.，2007)，还与农药的质量浓度、植物的种类和环境因素的有关(Topp et al.，1986；Briggs et al.，1987；Fung et al.，2001)。香根草对扑草净吸收的影响因素和代谢途径以及代谢机制方面还需进行深入研究。

6.3　气相色谱-氮化学发光检测器作为分析含氮农药的可行性

据报道，环境中的扑草净可以用不同的方法测定，例如高效液相色谱法、气象色谱-质谱法和气相色谱-氮磷检测器法(曹军等，2007)。以上建立的气相色谱-氮化学发光检测器法是一个新的检测方法。硫化学发光检测器(sulfur chemiluminescence detector，355 SCD)和氮化学发光检测器(nitrogen chemiluminescence detector，255 NCD)是一种专门为含硫化合物或含氮化合物的特殊检测器。它们由于双等离子燃烧炉和控制器配专利硫或氮检测器，使得这个双等离子体技术的运用更高效和便利。根据NCD的样品分析原理，化合物中的氮元素在约1000℃的条件下，全部转化为一氧化氮，因此，接近1000℃的900℃和1018℃两个裂解温度选为检测扑草净裂解温度进行试验。结果表明，相对于900℃的裂解温度，1018℃时，NCD对扑草净的响应在峰高和峰型上都明显有优势，而且在1018℃时，扑草净色谱峰没有受到任何杂质的干扰。该分析方法获得的扑草净色谱峰，除同类除草剂外，没有任何干扰，归咎于该检测器对样品中氮转换为氮化学发光元素的高选择，不受到基质中如其他碳氢化合物的影响(Paquin et al. 2002)。

根据GC和NCD的原理和相关使用说明，本书建立了一个灵敏、简单而快速测定水和植物(香根草)中提取除草剂扑草净的方法，并通过液相色谱法验证了该方法的可靠性。尽管提取方法简单，没有通过故萃取柱(solid phrase extraction，SPE)净化和浓缩，依然得到较低的检测限(LOD=0.02mg/L)和定量限(LOQ=0.06mg/L)，灵敏度和热离子敏感的探测器(thermionic sensitive detector，TSD)的近似(Rotkittikhun et al.，2007)，比用GC-MS测定人头发中的扑草净灵敏度0.51还高(Zhou et al.，2007)。用GC-MS检测食品中的扑草净残留时，检测的最低浓度为0.01mg/kg(1968～2007)。而GC-MS灵敏度低于用SPE-HPLC法的检测限0.0125μg/mL(Marcacci et al.，2006)。然而，用固相萃取-液相色谱技术测定时，样品体积为建立的GC-NCD法的四倍，若本试验同样用大体积采样，浓缩四倍的话，方法的灵敏度和检测限并不比SPE-HPLC方法差。结果表明，500mL的样品量，用多壁纳米碳管固相萃取柱浓缩萃取，结果表明扑草净的检测限为2.99～6.94ng/L。因此，建立的方法可以认为是一种选择性强的常规扑草净分析方法，也可以作为大容量样品、而较低扑草净含量的痕量分析方法。

6.4　腐植酸对有机污染物修复的机理

腐植酸分天然腐植酸、再生腐植酸和合成腐植酸。天然腐植酸又称为原生腐植酸，有游离型和结合型之分。一般来说，将所利用的腐植酸及其衍生物称为腐植酸类物质，腐植酸类物质是动植物遗骸，经过微生物的分解和转化，以及地球化学的一系列过程造成和积累起来的一类有机物质，其数量巨大，分布广泛，是一种潜在的能源。在自然界中，天然腐植酸大量存在于泥炭、褐煤、风化煤和土壤中，也存在于江河、湖泊和海水。泥炭、褐煤和风化煤中含有的腐植酸类物质，通常称为煤炭腐植酸。还有人认为天然腐植酸是木质素和聚苯类物质解聚，然后又与氨基酸共聚形成稳定而复杂的有机物，又有人认为它是植物通过土壤微生物降解成多种低分子与大分子的混合物，然后又与氨基酸聚合成稳定的结构，也有人认为腐植酸是碳水化合物的分解产物，还有人认为它是微生物起源的代谢产物。研究者根据提取分离所使用的方法，将以碱提出的部分称为腐植酸，其中可溶于水及酸的部分称为黄腐酸，可溶于乙醇的部分称为棕腐酸，只溶于碱的部分称为黑腐酸。

腐植酸含有酚羟基、醇羟基、羟基醌、烯醇基、磺酸基、氨基、醌基、半醌基、甲氧基和羧基等多种官能团，以及少量的氨基酸、维生素、酶类和多种微量元素，其主要组成元素是C、H、O、N和S。由于分子中具有多种活性官能团，它具有酸性、亲水性、界面活性、阳离子交换能力、络合作用及吸附分散能力(Peuravuori et al.，2006；王海涛等，2008)，因而腐植酸类物质在环保、石油开采、农林园艺、医药、分析化学、电池工业等领域等都具有广泛的应用(Abbt-Braun et al.，2004)。在环保领域，因为腐植酸是酸性物质的混合物，具有螯合、络合、吸附和离子交换等功能，是一种具有很强吸附能力的吸附剂，可通过吸附作用、氧化还原作用和降解作用等减少土壤和水中有机污染物，腐植酸钠可提高石油类物质的溶解度，促进污染物在土壤中的解吸，进而促进污染物的降解(王海涛等，2008)。腐植酸早期用于农业生产中促进植物的生长，研究表明，腐植酸类物质对植物根系的发育、提高和保持根系活力以及增加分蘖具有明显的效果。如小麦幼苗喷施黄腐酸，其根系活力比对照提高41.8%(王珂等，1998)，腐植酸中含有吲哚酸、赤霉素、萘乙酸、水杨酸等典型植物生长素(周霞萍等，2006)，对植物生长具有促进作用(李仲谨等，2009)。腐植酸还可以提高小麦叶片的SPAD和光合效率(闫军营等，2014)。另外，腐植酸分子中的多元酚结构可作为氧的活化剂和氢的接受体，提高植物体内的氧化还原势，增强植物的呼吸作用(张卓亚等，2015)。总之，已有的研究结果表明，腐植酸直接或者间接地影响了植物代谢、营养、呼吸等生理功能，具有调节植物的生理功能和改善植物生长发育的作用。

腐植酸对农药具有吸附作用，对农药生物活性有影响，对农药分子结构也有影响。张彩凤等(2006)用BET容量法研究了腐植酸与杀菌剂甲霜灵的吸附作用，结果表明，二者作用后，相互之间发生了吸附作用，农药嵌入煤基酸的孔穴中，腐植酸的吸附性质未改变，但物理结构发生了很大变化。水溶性煤基酸降低农药液面的表面张力，从而增加叶面对农药的吸收。腐植酸还可以影响农药的生物活性，如腐植酸对久效磷、苏云金杆菌、甲霜灵、代森锰锌、甲霜灵锰锌、2，4-D丁酯、草甘膦、禾大壮、巨星均有不同程度的增效作用，对乙草胺几乎没有影响，但是腐植酸使百草枯完全失去活性，是由于黄腐酸与百草枯作用有沉淀生成，腐植酸的负电荷使百草枯失去了正离子，也就失去了与植物体内电子链作用的能力，因而失去生物活性（Maqueda et al.，1993）。腐植酸与阳离子砒啶类除草剂的作用方式是腐植酸的负离子与除草剂的正离子形成离子键（Senesi et al.，1990），使除草剂失去生物活性。

本书研究采用了添加腐植酸对香根草吸收不同初始浓度扑草净污染的动态，从溶液中扑草净实际测得的初始浓度来看，添加腐植酸能在扑草净基础溶解度的基础上，再次提高扑草净在溶液中的溶解度，使得溶液中的初始浓度增加。这说明腐植酸通过某种方式改变了溶液中扑草净的物理性质，在未种植香根草处理组，添加腐植酸和未添加腐植酸，溶液中扑草净含量变化动态平行，各时段残留在溶液中的扑草净没有显著差异。设计溶液中扑草净初始浓度为50mg/L时，溶液中扑草净的去除动态符合一级动力学方程，且二者拟合的动力学方程重合。种植香根草处理后，溶液中扑草净残留在第10～20天极显著下降，之后第20～50天，下降速度减缓。在扑草净设计初始浓度为100mg/L时，无论是否种植香根草，添加腐植酸能减少扑草净在溶液中的去除半衰期，但差异不显著。从植物香根草根和叶中扑草净的吸收动态来看，添加腐植酸能显著提高香根草对溶液中扑草净的吸收，尤其是在第10天，也是香根草对扑草净的吸收高峰时间，设计初始浓度为100mg/L的处理组，添加腐植酸极显著地提高了香根草对扑草净的吸收，根系中扑草净含量比对照分别提高了89.54%（设计初始浓度50mg/L）和196.96%（设计初始浓度100mg/L，极显著地提高了香根草对扑草净的吸收，在第10天和第20天，添加腐植酸处理组，溶液中扑草净被去除的量和去除百分比均高于未添加腐植酸处理组，根据不同处理组对扑草净的去除率顺序表明，添加腐植酸对扑草净去除率的提高幅度大于增加扑草净初始浓度的影响。

腐植酸由于结构和基团的复杂性，对植物生长的作用，对农药结构和活性的影响等，根据本实验，可解释为腐植酸和农药扑草净作用后，提高了扑草净在溶液中水溶解度，从而提高了扑草净的初始浓度，而水溶解度是影响有机化合物被植物吸收的重要因素。溶解度增强后，促进了香根草对扑草净的吸收，进而促进溶液中扑草净的去除，缩短了溶液中扑草净的半衰期。

第 7 章　结论与展望

7.1　结　　论

本书通过温室水培实验及实验室相关实验，系统分析了扑草净的溶解度影响因子，建立了扑草净在水溶液中和香根草体内的提取和 GC-NCD 测定方法，在此基础上，系统研究了香根草对水溶液中扑草净的吸收去除规律以及腐植酸对香根草吸收去除溶液中扑草净的影响。获得的主要结论如下所述。

7.1.1　影响扑草净溶解度的主要因素

PIPES 缓冲液中，在未添加尿素的情况下，扑草净溶解度受溶液 pH 和平衡时间的影响规律简单。即平衡 24h 和 48h 的平衡时间和溶液 pH(pH=5.5、pH=7.0、pH=8.5)对扑草净溶解度的影响均不显著($P>0.05$)，然而，平衡 72h 后，扑草净溶解度比较短平衡时间(24h、48h)极显著降低，随着 pH 从 5.5 到 7.0 再上升到 8.5，扑草净溶解度显著降低($P<0.01$)。

在添加尿素情况下，扑草净溶解度的变化相对比较复杂。平衡 24h，扑草净的溶解度在弱酸性(pH=5.5)和弱碱性溶液中(pH=8.5)几乎不受尿素的影响。在中性溶液中(pH=7.0)，500mg/L 的尿素对扑草净溶解度几乎没有影响，而在加入 1000mg/L 的尿素后，显著提高了扑草净的溶解度($P<0.01$)。平衡 48h，除了在弱酸性溶液中(pH=5.5)，扑草净浓度有显著上升外，添加 500mg/L 尿素对扑草净的溶解度几乎没有影响。然而，添加 1000mg/L 尿素，扑草净的溶解度极显著降低到约 23.0mg/L($P<0.01$)。

添加 500mg/L 的尿素，平衡 72h 后，随着溶液溶解度从 5.5 到 7.0 再到 8.5，扑草净的溶解度总体呈现下降而后又上升的趋势。在中性溶液中(pH=7.0)，平衡 72h 后，扑草净的溶解度显著降低到约 23.0mg/L。我们可以推断，添加 500mL/L 的尿素，扑草净受溶液 pH 的影响取决于平衡时间，平衡 24h 和 48h，溶液酸碱度对扑草净的溶解度没有显著影响。

添加 1000mL/L 的尿素，扑草净的溶解度受平衡时间的影响极显著($P<0.01$)。

平衡 48h 后，扑草净的溶解度下降到最低，三种 pH 溶液中扑草净的溶解度的平均值约 21.30mg/L，而平衡 72h 后又升高。

结果表明，扑草净溶解度受尿素的影响取决于添加尿素的浓度和平衡时间，并受溶液酸碱度的影响。

7.1.2 GC-NCD 测定水溶液和香根草根和叶片中扑草净的方法

本书建立了用液相色谱仪配氮化学发光检测器测定扑草净的方法，该检测方法是功能强大、灵敏度较高的环境中扑草净检测方法。在没有其他同类结构相似的除草剂干扰的情况下，从香根草根、叶片中和水中，用常规的提取方法提取扑草净，不需要净化处理，用 GC-NCD 测定。在不同基质中，该方法的添加回收率为 81.5%～107%，相对标准偏差为 0.10%～3.3%。该方法的检测限为 0.02μg · mL，定量限为 0.06μg · mL。根据本书研究的发现，所建立的 GC-NCD 方法，在没有其他三氮苯类除草剂干扰的情况下，可以用于测定植物和水中提取的痕量扑草净含量，在有其他三氮苯类除草剂干扰的情况下，可用程序升温将同类除草剂分开，说明 GC-NCD 在分析环境中的痕量含氮农药方面有巨大潜力。这也是本书研究的一个新突破，首次用 NCD 检测器建立了测定扑草净的方法。

7.1.3 香根草对水溶液中扑草净的吸收和去除及其动态研究

香根草能从溶液中吸收扑草净并显著促进扑草净的去除，去除半衰期比对照(未种植香根草)缩短了 11.5d。被扑草净污染的营养液中，扑草净的去除动态符合一级降解动力学方程($C_t = 1.8070e^{-0.0601t}$)，扑草净浓度变化与时间的相关系数为 0.94($n=8$，$P<0.001$)，添加到溶液中的扑草净浓度在前 8 天快速下降，然后下降速度减慢，直到第 20 天。另外一个扑草净浓度快速下降时期在第 30～36 天，接下来又是较缓慢地下降，直到最后采样日期第 67 天，其下降速度变化与被吸收到植物中的浓度动态相符。扑草净被香根草从根系吸收并转移到叶片组织中。

7.1.4 添加腐植酸对香根草吸收水溶液中的扑草净效果

根据溶液中残留的扑草净动态变化来看，各处理组中残留的扑草净随时间的推移逐渐降低。第 0～20 天，各处理组中的扑草净残留浓度随采样时间推移极显著下降($P<0.01$)。自第 20 天起，扑草净残留随采样时间显著下降($0.01<P<$

0.05)，特别是种植香根草处理和对照(未种植香根草处理)之间有极显著差异($P<0.01$)。添加 50mg/L 腐植酸的处理组，与对照组相比，营养液中的扑草净去除动态之间没有显著差异，但早期能显著提高香根草对扑草净的吸收(图 5-7)，从而使溶液中的扑草净去除率逐渐减低。初始浓度较高(100mg/L)的处理组，溶液中扑草净的去除率逐渐升高，而初始浓度较低(50mg/L)的处理组，溶液中的去除率在第 20 天最高(达到 14.94%)，第 10～30 天均约为 10%。综合各个时期，添加腐植酸处理组，溶液中扑草净的去除率均高于 50%。说明腐植酸能通过提高香根草对扑草净的吸收和转移从而促进溶液中扑草净的去除。但添加腐植酸的浓度对吸收的影响以及植物对吸收扑草净后的生理响应还有待于进一步研究。

7.2　本书的特色与创新

1. 开发了香根草作为湿地植物在环境领域的新应用潜力

扑草净造成的水环境污染是我国面临的全新且严峻的水环境污染问题，选择用一种草本植物作为湿地植物来吸收、去除，是植物修复方面的一个大胆的构想与尝试。本书研究的实施，证实了利用香根草来修复扑草净污染是可行的。

2. 首次建立了扑草净的气相色谱－氮化学发光检测器的新检测方法(GC-NCD)

用简单的温室水培方法，采用气相色谱-氮化学发光检测器(GC-NCD)作为主要测定扑草净的新检测仪器，使本书项目的主要难点问题——水体、植株中的扑草净含量动态变化问题得到解决，从而使水体农药污染植物修复动态分析问题得以简单化解决。并且通过方法回收率、仪器精密度、最小检测限、定量限的测定，该方法首次被用于测定溶液和香根草植株中扑草净的残留。同时，还用与扑草净结构类似的混合标准品检测用 GC-NCD 方法将这些化合物分开，结果表明，可以用程序升温将结构类似化合物分开。

3. 首次模拟了香根草吸收和去除水体中扑草净的动态

本书研究选择了一种对多种重金属、富营养化水体、多环芳烃等污染物富集能力强和环境适应能力强的两栖植物香根草为研究材料，将其吸收、去除农药作为新方向，进行修复潜力和修复机理方面的探索，从而为水体农药污染修复问题提供科学指导。通过本书研究的证实，香根草的根系可以直接从溶液中吸收扑草净，并且通过植物的生长等作用，转移到叶片中，对溶液中扑草净的含量动态进行分析，香根草可以显著促进溶液中扑草净的去除作用。本书也开辟了香根草用于环境修复的新方向。利用腐植酸作为促进剂，研究其对香根草吸收扑草净是否有促进作用，研究结果表明，添加腐植酸可以促进香根草对扑草净的吸收，但对溶液中扑草净的去除没有显著促进作用。

4. 首次对添加腐植酸对香根草吸收去除溶液中扑草净的影响进行动态研究以及去除动力学方程的拟合

腐植酸对农药结构、活性以及植物生长等都有影响，本书研究采用设计超过扑草净正常水溶解度的初始浓度，研究添加腐植酸对香根草吸收和去除溶液中扑草净的影响。结果表明，腐植酸能促进扑草净在溶液中的溶解度，从而提高扑草净的初始浓度，但对溶液中扑草净去除的动态方程拟合后发现，腐植酸对溶液中扑草净的去除动态没有显著影响。但在第 10～20 天，添加腐植酸后，溶液中扑草净的去除量和去除率都提高了，特别是第 10 天，溶液中的去除量和去除率都显著提高。从植物香根草中的吸收动态来看，在第 10 天，添加腐植酸能极显著提高香根草对溶液中扑草净的吸收。在设计扑草净初始浓度为 100mg/L 的处理组，腐植酸也改变了溶液中扑草净的去除动力学方程，缩短了扑草净在溶液中的半衰期。这也是本书研究在农药水污染植物修复方面的一个新的尝试，而更系统的去除机理有待于更加系统、深入的研究。

7.3 展　　望

1. 香根草的适应优势(对比其他湿地植物)及其对水体中扑草净的净化潜能

本书研究仅对香根草吸收和去除溶液中的动态做了研究，但未进行与其他植物的比较研究，因此接下来的研究将选取几种常用的湿地植物，通过温室水培试验，实验室内分析水样和植物样品，从对扑草净去除能力和植物适应能力方面进行对比，证实香根草的适应优势及其对扑草净的净化潜能以及影响因素。

2. 香根草吸收、转移、去除水体中扑草净的动态变化规律与影响因素

根据前期研究结果(香根草能从水体中吸收扑草净，并转移到叶片)，对香根草的吸收和转移作详细的动态研究，包括不同时期转移到植物中的量及香根草的生物量，从而准确测定各时期被香根草吸收的量以及扑草净在香根草植株体内各个部位的分布、转移系数、水体中扑草净去除的动态变化，以及影响因素。

3. 香根草对水溶液中扑草净污染作用的生理响应与代谢调节机制

根据香根草植株的细胞色素 P450 酶系、谷胱甘肽－S－转移酶(GSTS)活性的动态变化与扑草净起始浓度的关系，主要研究内容为两种酶活性受扑草净胁迫的动态变化以及浓度对酶活性的影响，从而分析扑草净含量动态与相关代谢酶的关系，分析代谢调节机制。如果有条件，对香根草体内的扑草净代谢产物进行鉴定，以明确香根草去除扑草净污染的代谢机制。

本水培试验研究对用香根草作为修复植物来修复扑草净等农药污染奠定了重要的理论基础，未来工作的目标是研究香根草对扑草净的累积模式和结合部位以及结合产物，扑草净在香根草内的代谢机制，为未来发展低成本、环境友好型扑草净水污染和土壤污染修复技术奠定了理论基础和技术支持。

4. 添加腐植酸对扑草净溶解度的影响机制及腐植酸对香根草吸收扑草净的影响及机制研究

根据前期研究结果，添加腐植酸能在扑草净基础溶解度的基础上提高溶液中扑草净的水溶解度，而具体扑草净水溶解度受腐植酸影响以及如何影响还需要进一步系统研究，腐植酸对促进香根草吸收溶液中扑草净的具体途径和机制也还需要进一步研究，即还需深入探索促进吸收的机理。另外，还需研究除了提高扑草净初始溶解度之外，在同一初始扑草净浓度下，腐植酸是否可以促进香根草对扑草净的吸收，结合腐植酸对植物的生长促进作用，还应明确腐植酸是否通过促进植物的生长从而促进对扑草净的吸收，或者促进扑草净的生物活性。

参 考 文 献

安凤春，莫汉宏，郑明辉，等. 2004. DDT及其主要降解产物污染土壤的植物修复[J]. 环境化学，22(1)：19-25.

曹军，尹小乐，布文安，等. 2007. 环境中除草剂扑草净残留分析方法的研究[J]. 分析科学学报，23(4)：397-400.

陈建军，张坤，祖艳群，等. 2011. 皇竹草对土壤阿特拉津的修复作用[J]. 生态环境学报，20(11)：1753-1757.

陈进军，郑翀，郑少奎. 2008. 表面流人工湿地中水生植被的净化效应与组合系统净化效果[J]. 环境科学学报，28(10)：2029-2035.

陈溪，刘梦遥，曲世超，等. 2013. 海产品、底泥、海水中扑草净药物残留量的液相色谱-串联质谱检测[J]. 化学通报：印刷版，76(2)：183-186.

陈永华，吴晓芙，蒋丽鹃，等. 2008. 处理生活污水湿地植物的筛选与净化潜力评价[J]. 环境科学学报，28(8)：1549-1554.

程爱华，王磊，王旭东. 2012. 腐植酸共存条件下NF90纳滤膜去除水中邻苯二甲酸二丁酯[J]. 腐植酸，06(2)：43-43.

邓绍云，邱清华. 2010. 中国香根草开发利用现状与展望[J]. 资源开发与市场，26(10)：899-902.

董丽娴，陈玲，李竺，等. 2006. 水中三嗪类除草剂的检测与分析质量控制[J]. 安全与环境学报，6(5)：35-38.

方白玉. 2005. 香根草栽培毛木耳的研究[J]. 韶关学院学报，26(6)：83-85.

顾宝根，程燕，周军英，等. 2009. 美国农药生态风险评价技术[J]. 农药学学报，11(03)：283-290.

顾敬梓. 2007. 部分除草剂正辛醇/水分配系数的QSPR研究[D]. 大连理工大学硕士学位论文.

管淑艳，蔡小艳，蒋建生，等. 2007. 香根草的利用及其优化栽培[J]. 草业与畜牧，6(6)：21-24.

郭勇，覃柳燕，蒋妮. 2008. 我国香根草的研究和利用现状[J]. 大众科技，01(7)：130-132.

韩露，张小平，刘必融. 2005. 香根草对重金属铅离子的胁迫反应研究[J]. 应用生态学报，16(11)：2178-2181.

何雨帆，刘宝庆，吴明文，等. 2009. 腐植酸对小白菜吸收Cd的影响[J]. 腐植酸，4(4)：38-38.

黄丽华，沈根祥，钱晓雍. 2006. 7种人工湿地植物根系扩展能力比较研究[J]. 上海环境科学，(04)：174-176.

纪小辉，邹德乙. 2008. 腐植酸对降解和减少有机污染物的作用[J]. 腐植酸，(01).

姜蕾. 2011. 有机质对除草剂扑草净环境行为的影响研究[D]. 南京农业大学博士学位论文.

蒋冬荣，张新生，漆光成，等. 2008. 香根草的引种与应用[J]. 广西园艺，(01)：30-31.

蒋敏，秦普丰，雷鸣，等. 2012. 香根草人工湿地处理生活污水的试验研究[J]. 中国环境管理，(02)：36-38.

靖元孝，陈兆平，杨丹菁. 2001. 香根草(*Vetiveria zizanioides*)对淹水的反应和适应初报[J]. 华南师范大学学报：自然科学版，(4)：40-43.

李宏园，马红，陶波. 2006. 除草剂阿特拉津的生态风险分析与污染治理[J]. 东北农业大学学报，37(4)：552-556.

李庆奎，周秉彦，唐建军，等. 2014. H_2O_2助TiO_2可见光催化降解水中的扑草净[J]. 郑州大学学报工学版，35(1)：55-59.
李庆鹏，秦达，崔文慧，等. 2014. 我国水产品中农药扑草净残留超标的警示分析[J]. 食品安全质量检测学报，(1)：108-112.
李绍峰，孙颖，李平，等. 2010. 臭氧/过氧化氢降解扑草净试验研究[J]. 中国给水排水，26(23)：79-82.
李淑娟，陈冬东，李晓娟，等. 2007. 气相色谱-质谱法测定食品中扑草净的残留量[J]. 中国卫生检验杂志，17(12)：2138-2140.
李文送. 2007. 我国香根草繁殖方法的研究进展[J]. 草业科学，24(7)：33-36.
廖新俤，骆世明. 2002. 香根草和风车草人工湿地对猪场废水氮磷处理效果的研究[J]. 应用生态学报，13(6)：719-722.
林道辉，朱利中，高彦征. 2003. 土壤有机污染植物修复的机理与影响因素[J]. 应用生态学报，14(10)：1799-1803.
林辉，罗海凌，林占熺. 2009. 香根草栽培平菇的研究[J]. 基因组学与应用生物学，(6)：1166-1168.
林涛，蒋玲燕，谭学军，等. 2008. 人工湿地处理农业径流中的阿特拉津研究[J]. 哈尔滨商业大学学报：自然科学版，24(3)：324-327.
林占禧. 1996. 菌草技术现状及其应用前景[J]. 福建论坛：经济社会版，(Z1).
刘长江，门万杰，刘彦军，等. 2002. 农药对土壤的污染及污染土壤的生物修复[J]. 土壤与作物，18(4)：291-292.
刘栋，李蓉娟，陈晓东，等. 2013. GPC-HPLC-MS/MS 法检测贝类中扑草净残留[J]. 食品研究与开发，(24)：205-209.
刘维屏. 2006. 农药环境化学[M]. 北京：化学工业出版社：22-25.
刘旭丹. 2014. 腐植酸对茄子、黄瓜和玉米形态、生理及食用价值的影响[D]. 河南师范大学硕士学位论文.
刘晔丽. 2004. 欧盟禁止使用 320 种农药 涉及我国生产使用的 63 种[EB/0L].
刘云国，宋筱琛，王欣，等. 2010. 香根草对重金属镉的积累及耐性研究[J]. 湖南大学学报：自然科学版，37(01)：75-79.
卢少勇，张彭义，余刚，等. 2007. 王家庄滨湖人工湿地去除农业径流中 COD 效果的测试与分析[J]. 农业工程学报，23(1)：192-196.
马博英. 2009. 香根草逆境生理生态适应研究进展[J]. 生物学杂志，26(1)：65-68.
倪鹏，施锦辉，张文国，等. 2014. 气相色谱-质谱法测定出口紫菜中扑草净的残留量[J]. 理化检验——化学分册，50(9)：1160-1162.
努扎艾提·艾比布，刘云国，曾光明，等. 2009. 香根草对镉毒害的生理耐性和积累特性[J]. 环境科学学报，29(9)：1958-1963.
欧晓霞. 2008. 腐殖酸及其不同级分和铁的络合物对阿特拉津光降解的影响[D]. 大连理工大学博士学位论文.
欧晓霞，孙红杰，王崇，等. 2012. 有机污染物在腐殖酸作用下的光降解研究进展[J]. 河南农业科学，41(2)：43-43.
瞿建宏，吴伟. 2002. 除草剂生产废水经微生物降解前后的毒理效应[J]. 中国环境科学，22(4)：297-300.
任传博，田秀慧，张华威，等. 2013. 固相萃取-超高效液相色谱-串联质谱法测定海水中 13 种三嗪类除草剂残留量[J]. 质谱学报，34(6)：353-361.
任丽萍，田芹，刘丰茂，等. 2004. 用固相萃取和气相色谱技术测定环境水体中痕量农药[J]. 中国农业大学学报，9(2)：93-96.
桑伟莲，孔繁翔. 1999. 植物修复研究进展[J]. 环境科学进展，(3)：40-44.
单正军，陈祖义. 2008. 农产品农药污染途径分析[J]. 农药科学与管理，29(3)：40-49.

沈伟健，杨雯筌，赵增运，等. 2008. 气相色谱-质谱联用法测定紫菜中扑草净的残留量[J]. 分析试验室，27(2)：84-87.

石利利，林玉锁，徐亦钢，等. 2000. 毒死蜱农药环境行为研究[J]. 土壤与环境，(01)：73-74.

宋业萍，宗万里，于忠飞，等. 2014. 气相色谱法测定贝类中扑草净的残留量[J]. 卫生研究，43(5)：790-792.

苏少泉，宋顺祖. 1996. 中国农田杂草化学防治[M]. 北京：中国农业出版社：332-341.

孙铁珩. 2001. 污染生态学[M]. 北京：科学出版社.

孙肖瑜，王静，金永堂. 2009. 我国水环境农药污染现状及健康影响研究进展[J]. 环境与健康杂志，26(7)：649-652.

谭亚军，李少南，孙利. 2004. 农药对水生态环境的影响[J]. 农药，42(12)：12-14.

唐除痴. 1998. 农药化学[M]. 天津：南开大学出版社.

田秀慧，宫向红，徐英江，等. 2013. 除草剂扑草净在海参中的生物富集与消除效应研究[J]. 现代食品科技，(7)：1580-1585.

帖靖玺. 2007. 人工湿地处理太湖流域农村生活污水的试验研究[D]. 南京大学博士学位论文.

王海涛，朱琨，魏翔，等. 2004. 腐殖酸钠和表面活性剂对黄土中石油污染物解吸增溶作用[J]. 安全与环境学报，4(4)：52-55.

王连生. 2004. 有机污染化学[M]. 北京：高等教育出版社.

王平立. 2012. 铜和腐植酸对水中功夫菊酯和氯氰菊酯光解的影响[D]. 江苏大学硕士学位论文.

王世和. 2007. 人工湿地污水处理理论与技术[M]. 北京：科学出版社.

王欣，吴燕. 2010. 香根草的植物学特性及制板的可行性研究[J]. 内蒙古农业大学学报：自然科学版，(1)：214-217.

王鑫宏，侯志广，赵晓峰，等. 2014. 稻田中扑草净的消解规律及最终残留量研究[J]. 东北师大学报(自然科学)，46(1)：130-134.

魏海林，李咏梅. 2010. 人工湿地去除农业径流中农药的研究进展[J]. 给水排水，35(z2)：219-222.

夏汉平，刘世忠，敖惠修，等. 2000. 香根草等三种植物的抗盐性比较[J]. 应用与环境生物学报，6(1)：7-17.

夏汉平，敖惠修，刘世忠，等. 2002. 应用香根草对垃圾场进行植被恢复及净化垃圾污水的研究[J]. 广州环境科学，(1)：34-37.

夏汉平，柯宏华，邓钊平，等. 2003. 人工湿地处理炼油废水的生态效益研究[J]. 生态学报，23(7)：1344-1355.

夏会龙，吴良欢，陶勤南. 2002a. 凤眼莲植物修复几种农药的效应[J]. 浙江大学学报：农业与生命科学版，28(02)：165-168.

夏会龙，吴良欢，陶勤南. 2002b. 凤眼莲植物修复水溶液中甲基对硫磷的效果与机理研究[J]. 环境科学学报，22(3)：329-332.

夏会龙，吴良欢，陶勤南. 2003. 有机污染环境的植物修复研究进展[J]. 应用生态学报，14(3)：457-460.

肖曲，郝冬亮，刘毅华，等. 2008. 农药水环境化学行为研究进展[J]. 中国环境管理干部学院学报，18(3)：58-61.

谢建华，杨华. 2006. 不同植物对富营养化水体净化的静态试验研究[J]. 工业安全与环保，32(6)：23-25.

信欣，蔡鹤生. 2004. 农药污染土壤的植物修复研究[J]. 新疆农业科技，30(1)：8-11.

徐礼煜. 2008. 香根草系统的理论与实践[M]. 北京：中国广播电视出版社.

徐礼煜. 2009. 香根草系统在我国的应用与发展 20 年历程回顾[J]. 生态学杂志，(07)：1406-1414.

徐世谦，庞季春. 1983. 在已养鱼的池塘用“扑草净”灭草试验[J]. 水产科学，(03)：21-23.

徐亚同，史家梁，张明. 2001. 生物修复技术的作用机理和应用(上)[J]. 上海化工，(18)：4-7.

杨林，伍斌，赖发英，等. 2011. 7种典型挺水植物净化生活污水中氮磷的研究[J]. 江西农业大学学报，33(3)：616-621.

杨柳春，郑明辉，刘文彬，等. 2002. 有机物污染环境的植物修复研究进展[J]. 环境污染治理技术与设备，06(06)：1-7.

杨炜春，刘维屏，马云，等. 2002. 扑草净和扑灭通在土壤中吸附及其与色谱热力学函数的相关性[J]. 土壤学报，39(5)：693-698.

杨新萍，周立祥，戴媛媛，等. 2008. 潜流人工湿地处理微污染河道水中有机物和氮的净化效率及沿程变化[J]. 环境科学，29(8)：2177-2182.

杨云，栾伟，罗学军，等. 2004. 微波辅助萃取-固相微萃取联用气相色谱-质谱法测定土壤中的扑草净[J]. 分析化学，32(6)：775-778.

姚振，朱桂才，刘华. 2007. 香根草种子繁殖特性研究[J]. 长江大学学报：自科版，(04)：13-15.

叶建锋. 2007. 垂直潜流人工湿地中污染物去除机理研究[D]. 同济大学博士学位论文.

曾清如. 2005. 化学改性腐殖酸和沉积物对有机农药吸附特征研究[D]. 中国科学院生态环境研究中心博士学位论文.

曾庆藻，顾秉兰. 1994. 可降解塑料的进展[J]. 上海化工，(01)：38-41.

张彩凤，李善祥，张艺凡. 2006. 腐植酸与农药相互作用的研究[D]. 第四届全国绿色环保农药新技术、新产品交流会暨第三届生物农药研讨会.

张广举. 2008. 环境中三嗪农药残留的检测与评价[D]. 大连理工大学硕士学位论文.

张骞月，吴伟. 2014. 扑草净在养殖水体中的生态毒理效应及其微生物降解的研究进展[J]. 生物灾害科学，(1)：64-69.

张伟. 2012. 利用香根草进行生态环境治理研究[J]. 技术与市场，19(01)：1-2.

张伟，张忠明，王进军，等. 2007. 有机农药污染的植物修复研究进展[J]. 农药，46(4)：217-222，226.

张秀珍. 2013. 常用除草剂热点品种的最新登记情况[J]. 山东农药信息，(5)：37-38.

张一宾，钱虹. 2013. 均三氮苯类除草剂的品种、市场及发展[J]. 世界农药，35(3)：20-22.

张毅民，吕学斌，万先凯，等. 2005. 一株纤维素分解菌的分离及其粗酶性质研究[J]. 华南农业大学学报，(02)：69-72.

章强华. 2003. 欧盟禁止销售320种农药.

赵凤亮. 2012. 高效净化富营养化水体能源植物的筛选及其生理生态基础[D]. 浙江大学博士学位论文.

赵倩，王灿灿，袁旭姣，等. 2015. 腐植酸影响扑草净对斑马鱼的急性毒性研究[J]. 农业环境科学学报，34(4)：653-659.

赵善欢. 2005. 植物化学保护[M]. 北京：中国农业出版社：186-188 .

中华人民共和国农业部. 2010. 国家标准代替废止目录[M]. 北京：中国标准出版社.

钟声，周自玮. 2001. 热带亚热带优良水土保持植物香根草及栽培技术[J]. 中国草地学报，23(02)：79-81.

周际海，孙向武，胡锋，等. 2013. 扑草净降解菌的分离、筛选与鉴定及降解特性初步研究[J]. 环境科学，34(7)：2894-2898.

竺迺恺，夏希娟，杜秀英，等. 2003. PCBs在土壤半野外试验系统中迁移与消失的规律[J]. 环境科学，24(4)：158-160.

Abbt-Braun G，Lankes U，Frimmel F H. 2004. Structural characterization of aquatic humic substances-the need for a multiple method approach[J]. Aquatic Sciences，66(2)：151-170.

Andra S S，Datta R，Sarkar D，et al. 2009. Analysis of phytochelatin complexes in the lead tolerant vetiver grass [*Vetiveria zizanioides*(L.)] using liquid chromatography and mass spectrometry[J]. Environmental Pollution，157(7)：2173-2183.

Balduini L, Matoga M, Cavalli E, et al. 2003. Triazinie herbicide determination by gas chromatography-mass spectrometry in breast milk[J]. Journal of Chromatography B, 794(2): 389-395.

Banks M K, Lee E, Schwab A P, 1999. Evaluation of dissipation mechanisms for benzo[a]pyrene in the rhizosphere of tall fescue[J]. Journal of Environmental Quality, 28: 1(1): 294-298.

Bell R M, Failey R A. 1991. Plant uptake of organic pollutants[J]. Springer Netherlands: 189-206.

Bogialli S, Curini R, Di C A, et al. 2006. Development of a multiresidue method for analyzing herbicide and fungicide residues in bovine milk based on solid-phase extraction and liquid chromatography-tandem mass spectrometry[J]. Journal of Chromatography A, 1102: 1-10.

Bonora S, Benassi E, Maris A, et al. 2013. Raman and SERS study on atrazine, prometryn and simetryn triazine herbicides[J]. Journal of Molecular Structure, 1040(0): 139-148.

Boyle J J, Shann J R. 1995. Biodegradation of phenol, 2, 4-DCP, 2, 4-D, and 2, 4, 5-T in field-collected rhizosphere and nonrhizosphere soils[J]. Journal of Environmental Quality. 24(4): 782-785.

Brannegan D, Ashraf-Khorassani M, Taylor L T. 2001. High-performance liquid chromatography coupled with chemiluminescence nitrogen detection for the study of ethoxyquin antioxidant and related organic bases [J]. Journal of Chromatographic Science, 39(6): 217-221.

Brausch J M, Cox S, Smith P N. 2006. Pesticide usage on the southern high plains and acute toxicity of four chemicals to the fairy shrimp Thamnocephalus platyurus (Crustacea: Anostraca)[J]. Texas Journal of Science, 58(4): 309-324.

Briggs G G, Bromilow R H, Evans A A, et al. 1983. Relationships between lipophilicity and the distribution of non-ionised chemicals in barley shoots following uptake by the roots [J]. Pesticide Science, 14 (5): 492-500.

Briggs G G, Rigitano R L O, Bromilow R H. 2006. Physico-chemical factors affecting uptake by roots and translocation to shoots of weak acids in barley[J]. Pesticide Science, 19(2): 101-112.

Briggs G G, Rigitano R L O, Bromilow R H. 1987. Physico-chemical factors affecting uptake by roots and translocation to shoots of weak acids in barley[J]. Pesticide Science, 19(2): 101-112.

Brix H. 1987. Treatment of wastewater in the rhizosphere of wetland plants-the root-zone method[J]. Waterence & Technology, 19(7): 107-118.

Budd R, O'Geen A, Goh K S, et al. 2009. Efficacy of constructed wetlands in pesticide removal from tailwaters in the Central Valley, California[J]. Environmental Science & Technology, 43(8): 25-30.

Byrne C E, Downey G, Troy D J, et al. 1998. Non-destructive prediction of selected quality attributes of beef by near-infrared reflectance spectroscopy between 750 and 1098 nm [J]. Meat Science, 49 (4): 399-409.

Cabanillas A, Galeano Díaz T, Mora Díez N M, et al. 2000. Resolution by polarographic techniques of atrazine-simazine and terbutryn-prometryn binary mixtures by using PLS calibration and artificial neural networks. [J]. Analyst, 125(5): 909-914.

Cerejeira M J, Viana P, Batista S, et al. 2003. Pesticides in portuguese surface and ground waters[J]. Water Research, 37(5): 1055-1063.

Chaney R L, Malik M, Li Y M, et al. 1997. Phytoremediation of soil metal[J]. Current Opinion in Biotechnology, 8: 279-284.

Chen Q, Briggs G G, Evans A A. 1989. Relationships between lipophilicity and root uptake and translocation of non-ionised chemicals by rice[J]. Acta Agriculturae Nucleatae Sinica.

Chen X, Liu M, Que S, et al. 2013. Determination of prometryne residues in seafood, sediment, seawater by liquid chromatography randem mass spectrometry[J]. Chemistry, 76(2): 183-186.

Chen Z, Zhang H, Liu B, et al. 2007. Determination of herbicide residues in garlic by Gc-Ms[J]. Chromatographia, 66(11-12): 887-891.

Chiu K K, Ye Z H, Wong M H. 2005. Enhanced uptake of As, Zn, and Cu by Vetiveria zizanioides and Zea mays using chelating agents[J]. Chemosphere, 60(10): 1365-1375.

Cháfer-Pericás C, Herráez-Hernández R, Campíns-Falcó P. 2004. Selective determination of trimethylamine in air by liquid chromatography using solid phase extraction cartridges for sampling[J]. Journal of Chromatography A, 1042(1042): 219-223.

Combs M T, Ashraf-Khorassani M, Taylor L T, et al. 1997. Optimization of chemiluminescent nitrogen detection for packed-column supercritical fluid chromatography with methanol-modified CO_2[J]. Analytical Chemistry, 69(15): 3044-3048.

Condon R W. 1994. Vetiver grass—a thin green line against erosion national academy press[J]. Agriculture Ecosystems & Environment, 48(2): 194-196.

Corwin D L, Loague K, Ellsworth T R. 1998. GIS-based modeling of nonpoint source pollutants in the vadose zone[J]. Journal of Soil & Water Conservation, 53(1): 34-38.

Courthaudonl O, Fujinarie M. 1991. Nitrogen-specific gas chromatography detection based on chemiluminescence [J]. Lc Gc, 9(10): 732-734.

Cunningham S D, Ow D W. 1996. Promises and prospects of phytoremediation[J]. Plant Physiology, 110 (3): 715-719.

Dalton P A, Smith R J, Truong P N V. 1996. Vetiver grass hedges for erosion control on a cropped flood plain: hedge hydraulics[J]. Agricultural Water Management, 31(1-2): 91-104.

Danh L T, Truong P, Mammucari R, et al. 2009. Vetiver grass, *Vetiveria zizanioides*: a choice plant for phytoremediation of heavy metals and organic wastes[J]. International Journal of phytoremediation, 11 (8): 664-691.

Das P. 2014. Chemically catalyzed phytoremediation of 2, 4, 6-trinitrotoluene (TNT) contaminated soil by vetiver grass (*Chrysopogon zizanioides* L.)[J]. Dissertations & Theses - Gradworks.

Das P, Datta R, Makris K C, et al. 2010. Vetiver grass is capable of removing TNT from soil in the presence of urea[J]. Environmental Pollution, 158(5): 1980-1983.

Das P, Sarkar D, Makris K C, et al. 2013. Effectiveness of urea in enhancing the extractability of 2, 4, 6-trinitrotoluene from chemically variant soils[J]. Chemosphere, 93(9): 1811-1817.

Datta R, Quispe M A, Sarkar D. 2011. Greenhouse study on the phytoremediation potential of vetiver grass, *Chrysopogon zizanioides* L., in arsenic-contaminated soils [J]. Bulletin of Environmental Contamination & Toxicology, 86(1): 124-128.

Denton D L, Wheelock C E, Murray S A, et al. 2003. Joint acute toxicity of esfenvalerate and diazinon to larval fathead minnows (*Pimephales promelas*) [J]. Environmental Toxicology & Chemistry, 22 (2): 336-341.

Đikić D. 2014. Encyclopedia of Toxicology (Third Edition) [M] // Wexler P. Oxford: Academic Press: 1077-1081.

Eggen T, Heimstad E S, Stuanes A O, et al. 2012. Uptake and translocation of organophosphates and other emerging contaminants in food and forage crops[J]. Environmental Science & Pollution Research, Z20(7): 4520-4531.

Evgenidou E, Bizani E, Christophoridis C, et al. 2007. Heterogeneous photocatalytic degradation of prometryn in aqueous solutions under UV-Vis irradiation[J]. Chemosphere, 68(10): 1877-1882.

Frias S, Sanchez M J, Rodriguez M A. 2004. Determination of triazine compounds in ground water samples by micellar electrokinetic capillary chromatography[J]. analytica chimica acta, 503(2): 271-278.

Fujinari E M, Courthaudon L O. 1992. Nitrogen-specific liquid chromatography detector based on chemiluminescence : application to the analysis of ammonium nitrogen in waste water[J]. Journal of Chromatography A, 592(92): 209-214.

Fujinari E M, Manes J D. 1994. Nitrogen-specific detection of peptides in liquid chromatography with a chemiluminescent nitrogen detector[J]. Journal of Chromatography A, 676(94): 113-120.

Fujinari E M, Manes J D, Bizanek R. 1996. Peptide content determination of crude synthetic peptides by reversed-phase liquid chromatography and nitrogen-specific detection with a chemiluminescent nitrogen detector[J]. Journal of Chromatography A, 743(1): 85-89.

Fung K F, Wong M H. 2001. Effects of soil Ph on the uptake of Al, F and other elements by tea plants [J]. Journal of the Science of Food & Agriculture, 82(1): 146-152.

Gao J, Garrison A W, Hoehamer C, et al. 2000. Uptake and phytotransformation of o, p'-DDT and p, p'-DDT by axenically cultivated aquatic plants[J]. Journal of Agricultural & Food Chemistry, 48 (12): 6121-6127.

Gilliom R J. 2001. Pesticides in the hydrologic system—what do we know and what's next[J]? Hydrological Processes, 15(16): 3197-3201.

Gopal B. 1999. Natural and constructed wetlands for wastewater treatement: potentials and problems[J]. Water Science & Technology, 40(40): 27-35.

Hathway D E. 1989. Molecular Mechanisms of Herbicide Selectivity[M]//Molecular Mechanisms of Herbicide Selectivity. Oxford: Oxford University Press.

Hinman M L, Klaine S J. 1992. Uptake and translocation of selected organic pesticides by the rooted aquatic plant *Hydrilla verticillata* Royle[J]. Environmental Science & Technology, 26(3): 609-613.

Hsieh Y N, Liu L F, Wang Y S. 1998. Uptake, translocation and metabolism of the herbicide molinate in tobacco and rice[J]. Pesticide Science, 53(2): 149-154.

Hsu T S, Bartha R. 1979. Accelerated mineralization of two organophosphate insecticides in the rhizosphere [J]. Applied & Environmental Microbiology, 37(1): 36-41.

Huber A, Bach M, Frede H G. 2000. Pollution of surface waters with pesticides in Germany: modeling non-point source inputs[J]. Agriculture Ecosystems & Environment, 80(3): 191-204.

Huelster A, Mueller J F, Marschner H. 1994. Soil-plant transfer of polychlorinated dibenzo-p-dioxins and dibenzofurans to vegetables of the cucumber family (cucurbitaceae)[J]. Environmental Science & Technology, 28(6): 1110-1115.

Inoue J, Chamberlain K, Bromilow R H. 1998. Physicochemical factors affecting the uptake by roots and translocation to shoots of amine bases in barley[J]. Pesticide Science, 54(1): 8-21.

Janis J. 2013. Label amendment (directions for use and storage and disposal) USEPA, Washington, DC 20460.

Jr S H. 1992. Plant metabolism of xenobiotics[J]. Trends in Biochemical Sciences, 17(2): 82-84.

Robbat Jr. A, Corso P N, Liu T Y. 1988. Evaluation of a nitrosyl-specific gas-phase chemiluminescent detector with high-performance liquid chromatography[J]. Analytical Chemistry.

Kegley S E, Hill B R, Orme S, et al. 2010. Pesticide Action Network, North America (SanFrancisco, CA).

Kegley S H B, Orme S, et al. 2014. PAN pesticide database//Pesticide action network, North America (San Francisco)[DB/OL]. http: www. Pesticideinf. o.

Keith C,; Shilpa P, Bromilow R H. 1998. Uptake by roots and translocation to shoots of two morpholine fungicides in barley[J]. Pesticide Science, 54(1): 1-7.

Khan S U, Hamilton H A. 1980. Extractable and bound (nonextractable) residues of prometryn and its metabolites in an organic soil[J]. J. agric. food Chem, 28(1): 126-132.

Kiely T, Donaldson D, Grube A. Pesticides industry sales and usage-2000 and 2001 market estimates. Washington DC, USA: US 2004.

Konstantinou I K, Hela D G, Albanis T A. 2006. The status of pesticide pollution in surface waters (rivers and lakes) of Greece. Part I. Review on occurrence and levels[J]. Environmental Pollution, 141 (3): 555-570.

Kumar S, Kumar S. 1999. Potential of soil and groundwater contamination due to mine subsidence under a landfill[J]. Journal of Soil Contamination, 8(4): 441-453.

Ku Čerová P, Macková M, Poláchová L, et al. 1999. Correlation of PCB transformation by plant tissue cultures with their morphology and peroxidase activity changes[J]. Collection of Czechoslovak Chemical Communications, 64(9): 1497-1509.

Kf F, Mh W. 2002. Effects of soil pH on the uptake of Al, F and other elements by tea plants[J]. Journal of the Science of Food & Agriculture, 82(1): 146-152.

Lanza P E F, Guy R. 1998. Phytoremediation: current views on an emerging green technology[J]. Journal of Soil Contamination, 7(4): 415-432.

Li H, Luo Y M, Song J, et al. 2006. Degradation of benzo[a]pyrene in an experimentally contaminated paddy soil by vetiver grass (*Vetiveria zizanioides*)[J]. Environmental Geochemistry & Health, 28(1-2): 183-188.

Liste H H, Alexander M. 2000. Accumulation of phenanthrene and pyrene in rhizosphere soil[J]. Chemosphere, 40(1): 11-14.

Loftsson T, Hreinsdoottir D. 2006. Determination of aqueous solubility by heating and equilibration: a technical note[J]. Aaps Pharmscitech, 7(1): E29-E32.

London D K, Siegfried B D, Lydy M J. 2004. Atrazine induction of a family 4 cytochrome P450 gene in Chironomus tentans (Diptera: Chironomidae)[J]. Chemosphere, 56(7): 701-706.

Ma J, Tong S, Wang P C J. 2010. Toxicity of seven herbicides to the three cyanobacteria anabaena flos-aquae, microcystis flos-aquae and mirocystis aeruginosa[J]. International Journal of Environmental Research, 4(2): 347-352.

Macek T, Macková M, Káš J. 2000. Exploitation of plants for the removal of organics in environmental remediation[J]. Biotechnology Advances, 18(1): 23-34.

Makris K C, Shakya K M, Datta R, et al. 2007a. High uptake of 2, 4, 6-trinitrotoluene by vetiver grass--potential for phytoremediation[J] Environmental Pollution, 146(1): 1-4.

Makris K C, Shakya K M, Datta R, et al. 2007b. Chemically catalyzed uptake of 2, 4, 6-trinitrotoluene by *Vetiveria zizanioides*[J]. Environmental Pollution, 148(1): 101-106.

Marcacci S, Raveton M P, Schwitzguebel J. 2005. The possible role of hydroxylation in the detoxification of atrazine in mature vetiver (*Chrysopogon zizanioides* Nash) grown in hydroponics[J]. Zeitschrift Fur Naturforschung C A Journal of Biosciences, 60(5-6): 427-434.

Marcacci S, Raveton M, Ravanel P, et al. 2006. Conjugation of atrazine in vetiver (*Chrysopogon zizanioides* Nash) grown in hydroponics[J]. Environmental and Experimental Botany, 56(2): 205-215.

Mattina M J, Iannucci-Berger W, Dykas L. 2000. Chlordane uptake and its translocation in food crops[J]. Journal of Agricultural & Food Chemistry, 48(5): 1909-1915.

McKinlay R G, Kasperek K. 1999. Observations on decontamination of herbicide-polluted water by marsh plant systems[J]. Water Research, 33(2): 505-511.

Mendaš G, Tkalčević B, Drevenkar V. 2000. Determination of chloro- and methylthiotriazine compounds in human urine: extraction with diethyl ether and C18 solid-phase extraction for gas chromatographic analysis with nitrogen-selective and electron capture detection. analytica chimica acta, 424: 7-18.

Moore M T, Schulz R, Cooper C M, et al. 2002. Mitigation of chlorpyrifos runoff using constructed wetlands[J]. Chemosphere, 46(6): 827-835.

Moore M T, Bennett E R, Cooper C M, et al. 2006. Influence of vegetation in mitigation of methyl parathion runoff[J]. Environmental Pollution, 142(2): 288-294.

Moore M T, Cooper C M, Smith S, et al. 2007. Diazinon mitigation in constructed wetlands: influence of vegetation[J]. Water Air & Soil Pollution, 184(1-4): 313-321.

Moore M T, Lizotte R E, Knight S S, et al. 2007. Assessment of pesticide contamination in three mississippi delta oxbow lakes using hyalella azteca[J]. Chemosphere, 67(11): 2184-91.

Morrica P, Barbato F, Iacovo R D, et al. 2001. Kinetics and mechanism of imazosulfuron hydrolysis[J]. Journal of Agricultural & Food Chemistry, 49(8): 3816-3820.

Nair C I, Jayachandran K, Shashidhar S. 2008. Biodegradation of phenol [J]. African Journal of Biotechnology, 7(25): 4951-4958.

Neal C, Jarvie H P, Howarth S M, et al. 2000. The water quality of the River Kennet: initial observations on a lowland chalk stream impacted by sewage inputs and phosphorus remediation[J]. Science of The Total Environment: 251-252, 477-495.

Neera S, Megharaj M, Kookana R S, et al. 2004. Atrazine and simazine degradation in Pennisetum rhizosphere[J]. Chemosphere, 56(3): 257-263.

Norbert O Z A, Sylvie D, Colette M L, et al. 2014. Effectiveness of vetiver grass (*Vetiveria zizanioides* L. nash) for phytoremediation of endosulfan in two cotton soils from burkina faso[J]. International Journal of Phytoremediation, 16(1): 95-108.

Ohta M. Illumination device: US, US 4988188 A[P]. 1991.

Ollers S, Singer H P, F? Ssler P, et al. 2001. Simultaneous quantification of neutral and acidic pharmaceuticals and pesticides at the low-ng/l level in surface and waste water [J]. Journal of Chromatography A, 911(2): 225-234.

Orton F, Lutz I, Kloas W, et al. 2009. Endocrine disrupting effects of herbicides and pentachlorophenol: in vitro and in vivo evidence[J]. Environmental Science Technology, 43(6): 2144-2150.

Ozel M Z, Gogus F, Yagci S, et al. 2010. Determination of volatile nitrosamines in various meat products using comprehensive gas chromatography-nitrogen chemiluminescence detection [J]. Food & Chemical Toxicology An International Journal Published for the British Industrial Biological Research Association, 48(11): 3268-3273.

Papadakis E N, Vryzas Z, Kotopoulou A, et al. 2015. A pesticide monitoring survey in rivers and lakes of northern Greece and its human and ecotoxicological risk assessment [J]. Ecotox Environ Safe, 116 (0): 1-9.

Paquin D, Ogoshi R, Campbell S, et al. 2002. Bench-Scale Phytoremediation of Polycyclic Aromatic Hydrocarbon-Contaminated Marine Sediment with Tropical Plants International Journal of phytoremediation. (4): 297-313.

Park S, Kim K S, Kang D, et al. 2012. Effects of humic acid on heavy metal uptake by herbaceous plants in soils simultaneously contaminated by petroleum hydrocarbons [J]. Environmental Earth Sciences, 68

(8): 2375-2384.

Park S, Kim K S, Kang D, et al. 2014. Effects of humic acid on heavy metal uptake by herbaceous plants in soils simultaneously contaminated by petroleum hydrocarbons[J]. Humic Acid, (3): 28-36.

Pavlova A I, Dobrev D S, Ivanova P G. 2009. Determination of total nitrogen content by different approaches in petroleum matrices[J]. Fuel, 88(1): 27-30.

Peuravuori J, Žbánková P, Pihlaja K. 2006. Aspects of structural features in lignite and lignite humic acids [J]. Fuel Processing Technology, 87(9): 829-839.

Philip. 2014. Prometryn[J]. Encyclopedia of Toxicology: third Edition: 1077-1081.

Pieper D H, Reineke W. 2000. Engineering bacteria for bioremediation [J]. Current Opinion in Biotechnology, 11(3): 262-270.

Pradhan S P, Conrad J R, Paterek J R, et al. 1998. Potential of phytoremediation for treatment of PAHs in soil at MGP sites[J]. Journal of Soil Contamination, 7(4): 467-480.

Prometryn P W. 2014. Encyclopedia of toxicology (third edition)[J]. Reference Module in Biomedical Sciences: 1077-1081.

Quérou R, Euvrard M, Gauvrit C. 1998. Uptake and fate of triticonazole applied as seed treatment to spring wheat (Triticum aestivum L.)[J]. Pesticide Science, 53(4): 324-332.

Raveton M, Ravanel P, Serre A M, et al. 1997. Kinetics of uptake and metabolism of atrazine in model plant systems[J]. Pesticide Science, 49(2): 157-163.

Reichenberger S, Bach M, Skitschak A, et al. 2007. Mitigation strategies to reduce pesticide inputs into ground- and surface water and their effectiveness; a review[J]. Science of The Total Environment, 384 (1-3): 1-35.

Robbat A, Corso N P, Liu T Y. 1988. Evaluation of a nitrosyl-specific gas-phase chemiluminescence detector with high-performance liquid chromatography[J]. Analytical Chemistry, 60(2): 173-174.

Rogers M R, Stringfellow W T. 2009. Partitioning of chlorpyrifos to soil and plants in vegetated agricultural drainage ditches[J]. Chemosphere, 75(1): 109-114.

Rose M T, Francisco S B, Crossan A N, et al. 2006. Pesticide removal from cotton farm tailwater by a pilot-scale ponded wetland[J]. Chemosphere, 63(11): 1849-1858.

Rotkittikhun P, Chaiyarat R, Kruatrachue M, et al. 2007. Growth and lead accumulation by the grasses *Vetiveria zizanioides* and *Thysanolaena maxima* in lead-contaminated soil amended with pig manure and fertilizer: a glasshouse study[J]. Chemosphere, 66(1): 45-53.

Ryszard B. 1997. Climate change vulnerability and response strategies for the costal zone of Poland[J]. Climatic Change, 36(1): 151-173.

Sabik H, Gagné F, Blaise C, et al. 2003. Occurrence of alkylphenol polyethoxylates in the St. Lawrence River and their bioconcentration by mussels (Elliptio complanata)[J]. Chemosphere, 51(5): 349-356.

Salt D E, Blaylock M, Kumar N P, et al. 1995. Phytoremediation: a novel strategy for the removal of toxic metals from the environment using plants[J]. Bio/technolgy, 13(5): 468-474.

Schnoor J L, Licht L A, McCutcheon S C, et al. 1995. Phytoremediation of organic and nutrient contaminants[J]. Environscitechnol, 29(7): 318-323.

Schwitzguébel J P, Stalder L, Vullioud M S. 2003. Metabolism of atrazine and derivatives in vetiver plants [J]. Achievements \ s& \ sprospects of Phytoremediation in Europe.

Shao Z Q, Behki R. 1996. Characterization of the expression of the thcB gene, coding for a pesticide-degrading cytochrome P-450 in Rhodococcus strains[J]. Applied & Environmental Microbiology, 62 (2): 403-407.

Sharpley A N, Chapra S C, Wedepohl R, et al. 1994. Managing agricultural phosphorus for protection of surface waters: Issues and Options[J]. Journal of Environmental Quality, 23.

Shi H, Taylor L T, Fujinari E M. 1996. Open-tubular supercritical fluid chromatography with simultaneous flame ionization and chemiluminescent nitrogen detection[J]. Journal of High Resolution Chromatography, 19(4): 213-216.

Shi H, Taylor L T, Fujinari E M. 1997. Chemiluminescence nitrogen detection for packed-column supercritical fluid chromatography with methanol modified carbon dioxide[J]. Journal of Chromatography A., 757(1): 183-191.

Shi Y, Burns M, Ritchie R J, et al. 2014. Probabilistic risk assessment of diuron and prometryn in the Gwydir River catchment, Australia, with the input of a novel bioassay based on algal growth[J]. Ecotox Environ Safe, 106(0): 213-219.

Simonich S L, Hites R A. 1994a. Importance of vegetation in removing polycyclic aromatic hydrocarbons from the atmosphere[J]. Nature, 370(6484): 49-51.

Simonich S L, Hites R A. 1994b. Vegetation-atmosphere partitioning of polycyclic aromatic hydrocarbons [J]. Environmental Science & Technology, 28(5): 939-943.

Singh S, Eapen S, Thorat V, et al. 2008. Phytoremediation of 137 cesium and 90 strontium from solutions and low-level nuclear waste by *Vetiveria zizanoides* [J]. Ecotoxicology & Environmental Safety, 69 (2): 306-311.

SojinuO S, Sonibare O O, Ekundayo O O, et al. Assessment of organochlorine pesticides residues in higher plants from oil exploration areas of Niger Delta, Nigeria[J]. Science of The Total Environment, 433 (0): 169-177.

Soyoung, Park, Seob, et al. 2014. Effects of Humic Acid on Heavy Metal Uptake by Herbaceous Plants in Soils Simultaneously Contaminated by Petroleum Hydrocarbons[J]. Humic Acid, (03): 28-36.

Spänhoff B, Bischof R, Böhme A, et al. 2007. Assessing the impact of effluents from a modern wastewater treatment plant on breakdown of coarse particulate organic matter and benthic macroinvertebrates in a lowland river[J]. Water, Air, & Soil Pollution, 180(1): 119-129.

Stara A, Machova J, Velisek J. 2012. Effect of chronic exposure to prometryne on oxidative stress and antioxidant response in early life stages of common carp (*Cyprinus carpio* L.)[J]. Neuro Endocrinol Lett, 33, 3(1): 130-135.

Stara A, Kristan J, Zuskova E, et al. 2013. Effect of chronic exposure to prometryne on oxidative stress and antioxidant response in common carp (*Cyprinus carpio* L.)[J]. Pesticide Biochemistry & Physiology, 105(1): 18-23.

Stone W W, Gilliom R J, Ryberg K R. 2014. Pesticides in U. S. streams and rivers: occurrence and trends during 1992~2011[J]. Environmental Science & Technology, 48: 11025-11030.

Sun H, Xu J, Yang S, et al. 2004. Plant uptake of aldicarb from contaminated soil and its enhanced degradation in the rhizosphere[J]. Chemosphere, 54(4): 569-574.

Sun S, Zheng Y, Lv P. 2015. Determination of prometryn in vetiver grass and water using gas cChromatography-nitrogen chemiluminescence detection (GC-NCD) [J]. Journal of Chromatographic Science(accepted).

Susanne W, Bertold H. 1992. A sensitive enzyme immunoassay for the detection of atrazine based upon sheep antibodies[J]. Analytical Letters, 25(6): 1025-1037.

Susarla S, Medina V F, McCutcheon S C. 2002. Phytoremediation: an ecological solution to organic chemical contamination[J]. Ecological Engineering, 18(5): 647-658.

Tan W, Liu D, Li B, et al. 2013. Residue determination of prometryne and acetochlor in soil and water by high performance liquid chromatography[J]. Advanced Materials Research, 781-784: 2340-2343.

Tomkins B A, Griest W H, Higgins C E, et al. 1995. Determination of N-nitrosodimethylamine at part-per-trillion levels in drinking waters and contaminated groundwaters[J]. Analytical Chemistry, 67(23): 4387-4395.

Topp E, Scheunert I, Attar A, et al. 1986. Factors affecting the uptake of 14C-labeled organic chemicals by plants from soil[J]. Ecotox Environ Safe, 11(2): 219-228.

Touloupakis E, Giannoudi L, Piletsky S A, et al. 2005. A multi-biosensor based on immobilized Photosystem II on screen-printed electrodes for the detection of herbicides in river water[J]. Biosensors & Bioelectronics, 20(10): 1984-1992.

USEPA. 2004. Pesticide industry sales and usage: 2000 and 2001 Market Estimates.

USEPA. 2013. Environmental Protection Agency (EPA), Federal Register Rules and Regulations 55635. 78. 2013.

Van Leeuwen J A, Waltner-Toews D, Abernathy T, et al. 1999. Associations between stomach cancer incidence and drinking water contamination with atrazine and nitrate in Ontario (Canada) agroecosystems, 1987~1991[J]. International Journal of Epidemiology, 28(5): 836-840.

Vryzas Z, Alexoudis C, Vassiliou G, et al. 2011. Determination and aquatic risk assessment of pesticide residues in riparian drainage canals in northeastern Greece[J]. Ecotoxicology and Environmental Safety, 74(2): 174-181.

Vymazal J. 2009. The use constructed wetlands with horizontal sub-surface flow for various types of wastewater[J]. Ecological Engineering, 35(1): 1-17.

Waldrop M P, Sterling T M, Khan R A, et al. 1996. Fate of prometryn in prometryn-tolerant and -susceptible cotton cultivars[J]. Pesticide Biochemistry & Physiology, 56(2): 111-122.

Wang H X, Liang Y U, Zhao X X, et al. 2012. Determination of equilibrium solubility of flumorph (Z/E isomer) in water of different pH[J]. Agrochemicals.

Wang L D, Ni R, et al. 2015. Organochlorine pesticides and their metabolites in human breast milk from Shanghai, China[J]. Environmental Science and Pollution Research, 22(12): 9293-306.

Wang Y, Zhang G, Wang L. 2014. Interaction of prometryn to human serum albumin: Insights from spectroscopic and molecular docking studies[J]. Pesticide Biochemistry and Physiology, 108(0): 66-73.

Watanabe H, Grismer M E. 2001. Diazinon transport through inter-row vegetative filter strips: micro-ecosystem modeling[J]. Journal of Hydrology, 247(01): 183-199.

Wayment D G, Bhadra R, Lauritzen J, et al. 1999. A Transient study of formation of conjugates during TNT metabolism by plant tissues[J]. International Journal of phytoremediation, 1(3): 227-239.

Wexler P. 2014. Prometryn Reference Module in Biomedical Sciences[M]. Elsevier Inc.: 1077-1081.

White J C. 2001. Plant-facilitated mobilization and translocation fo weathered2, 2 bis(p-Chlorophenyl)-1, 1 dichloroethylene(p, p′DDE) frin ab agrucultural soil[J]. Environmental Toxicology & Chemistry, 20(9): 2047-2052.

Whiteley A S, Bailey M J. 2000. Bacterial community structure and physiological state within an industrial phenol bioremediation system[J]. Applied & Environmental Microbiology, 66(6): 2400-2407.

Wilson P C, Whitwell T, Klaine S J. 2000. Metalaxyl and simazine toxicity to and uptake by typha latifolia [J]. Archives of Environmental Contamination & Toxicology, 39(3): 282-288.

Wu Q H, Chang Q Y, Wu C X, et al. 2010. Ultrasound-assisted surfactant-enhanced emulsification microextraction for the determination of carbamate pesticides in water samples by high performance liquid chromatography[J]. Journal of Chromatography A, 1217(11): 1773-8.

Xia H, Ao H, Liu S. 1998. The vetiver eco-engineering a biological technique for realizing sustainable development[J]. Chinese Journal of Ecology, 17: 44-50.

Yan X. 1999. Detection by ozone-induced chemiluminescence in chromatography [J]. Journal of Chromatography A, 842(99): 267-308.

Yan X. 2002. Sulfur and nitrogen chemiluminescence detection in gas chromatographic analysis[J]. Journal of Chromatography A, 976: 3-10.

Yao Y, Sun M, Liu Z, et al. 2014. Evaluation of enhanced soil washing process and phytoremediation with maize oil, carboxymethyl-β-cyclodextrin, and vetiver grass for the recovery of organochlorine pesticides and heavy metals from a pesticide factory site[J]. Journal of Environmental Management, 141C: 161-168.

Yu W, Cai W, Shao X. 2013. Chemometric approach for fast analysis of prometryn in human hair by GC– MS[J]. Journal of Separation Science, 36(14): 2277-2282.

Zacharia J T, Kishimba M A, Masahiko H. 2010. Biota uptake of pesticides by selected plant species; the case study of Kilombero sugarcane plantations in Morogoro Region, Tanzania[J]. Pesticide Biochemistry & Physiology, 97(1): 71-75.

Zhang G J, Tanii T, Kanari Y, et al. 2007. Production of nanopatterns by a combination of electron beam lithography and a self-assembled monolayer for an antibody nanoarray [J]. Journal of Nanoscience & Nanotechnology, 7(2): 410-417.

Zhang J, Jiang W, Dong Z, et al. 2006. Simultaneous determination of triazine herbicide residues in maize by gas chromatography[J]. Se Pu, 24(6): 648-651.

Zhang S H, Yang Y Y, Han D D, et al. 2008. Determination of triazine herbicide residues in water samples by on-line sweeping concentration in micellar electrokinetic chromatography[J]. Chinese Chemical Letters, 19(12): 1487-1490.

Zhang W, Zhang Z M, Wang J J, et al. 2007. Progress in research and application of phytoremediation for organic pesticides[J]. Agrochemicals.

Zhou J, Hu F, Jiao J, et al. 2012. Effects of bacterial-feeding nematodes and prometryne-degrading bacteria on the dissipation of prometryne in contaminated soil[J]. Journal of Soils & Sediments, 12(4): 576-585.

Zhou J, Li X, Jiang Y, et al. 2011. Combined effects of bacterial-feeding nematodes and prometryne on the soil microbial activity[J]. Journal of Hazardous Materials, 192(3): 1243-9.

Zhou J, Sun X, Jiao J, et al. 2013. Dynamic changes of bacterial community under the influence of bacterial-feeding nematodes grazing in prometryne contaminated soil [J]. Applied Soil Ecology, 64 (0): 70-76.

Zhou Q, Xiao J, Ding Y. 2007. Sensitive determination of fungicides and prometryn in environmental water samples using multiwalled carbon nanotubes solid-phase extraction cartridge[J]. Analytica Chimica Acta, 602(2): 223-228.

Zhou J H, Chen J D, Cheng Y H, et al. 2009. Determination of Prometryne in water and soil by HPLC-UV using cloud-point extraction[J]. Talanta, 79(2): 189-193.

Zodrow J J. 1999. Recent applications of phytoremediation technologies [J]. Remediation Journal, 9 (2): 29-36.

附　　录

英文缩略表

英文缩写	英文全称	中文名称
CK	control check	空白对照
TNT	2,4,6-trinitrotoluene	2.4.6-三硝基甲苯
PAH	polycyclic aromatic hydrocarbons	多环芳烃
GST	glutathione-S-transferase	谷胱甘肽转移酶
CytP450	cytochrome p450	细胞色素 P450 酶
PIEES	piperazine-1,4-bis(2-ethanesulfonic acid)	对二氮己环-1,4-二(2-乙磺酸)
HPLC	high performance liquid chromatography	高效液相色谱仪
GC	gas chromatograph	气相色谱仪
NCD	nitrogen chemiluminescence detector	氮化学发光检测器
NPD	nitrogen phosphorus detector	氮磷检测器
SPE	solid phrase extraction	固相萃取
TF	transfer coefficient	转移系数
RSD	relative standard deviation	相对标准偏差
TLC	thin-layer chromatography	薄层色谱法
LOQ	limit of quantity	定量限
LOD	limit of detection	检测限
HA	humid acid	腐植酸
MRL	maximum residue limit	最大残留限量
Hs	hours	小时
DOM	dissolved organic matter	可溶性有机物